DE L'ÉLÈVE DES BÊTES A CORNES

CONSIDÉRÉE PARTICULIÈREMENT

DANS LA BAVIÈRE RHÉNANE.

DE L'ÉLÈVE

DES

BÊTES A CORNES

CONSIDÉRÉE PARTICULIÈREMENT

DANS LA BAVIÈRE RHÉNANE;

PAR M. FÉLIX VILLEROY,
CULTIVATEUR.

Paris,

IMPRIMERIE DE DECOURCHANT,
RUE D'ERFURTH, Nº 1, PRÈS DE L'ABBAYE.

—

1835

DE L'ÉLÈVE DES BÊTES A CORNES

CONSIDÉRÉE PARTICULIÈREMENT

DANS LA BAVIÈRE RHÉNANE.

Le bétail à cornes est la base la plus solide de la prospérité agricole.

S'il ne peut faire espérer les grands profits que l'on obtient parfois des chevaux et des bêtes à laine, il ne présente pas non plus les mêmes chances de pertes ; il offre des produits réguliers et certains ; combinés avec la nourriture à l'étable, l'éducation et l'engraissement du bétail procurent des masses d'engrais qui assurent la fertilité des terres, et sont une source certaine de richesses.

Mais combien on est loin d'obtenir des bêtes à cornes tout ce qu'elles peuvent produire ! Telle vache ne donne-t-elle pas une quantité de lait double de celle que donne telle autre vache nourrie de même? Tel bœuf ne sera-t-il pas engraissé avec la moitié du fourrage que consommera tel autre pour arriver au même poids? Et combien est comparativement petit le nombre des vaches bonnes laitières et des bœufs possédant la faculté d'engraisser facilement !

Dès long-temps on s'est occupé du perfectionnement des races de chevaux (1). Il n'y a pas sur le continent un seul gouvernement qui ne croie devoir consacrer annuellement aux haras des sommes considérables ; mais pour les bêtes à cornes, on n'a absolument rien fait encore. Leur multiplication a été abandonnée à la routine des paysans ; et tandis que les bons livres ne manquent pas sur les chevaux et les bêtes à laine, il n'existe pas même un ouvrage où un jeune cultivateur, qui cherche à s'instruire, puisse acquérir, à l'égard des bêtes à cornes, les connaissances théoriques qui lui sont indispensables. Je ne me flatte pas de pouvoir remplir cette lacune ; mais je sens que je peux être utile à ceux qui entrent dans une carrière où j'ai acquis quelque expérience, souvent à mes dépens, et où j'ai rencontré bien des difficultés, parce que je manquais tout-à-fait de guide.

De la beauté et de la perfection des bêtes à cornes.

Le cultivateur qui se trouve placé dans une position favorable à l'éducation des bêtes à cornes doit, avant tout, penser à se procurer une bonne souche et la plus appropriée à la destination qu'il compte lui donner.

Une bonne souche ne sera pas toujours la plus belle, en laissant à ce mot l'acception qu'on lui donne ordinairement.

(1) L'Angleterre, qui possède les premiers chevaux du monde, est le pays de l'Europe où le gouvernement s'en occupe le moins. Il ne distribue pas de primes, il n'entretient pas à grands frais des étalons ; il n'existe en Angleterre aucun autre haras que celui de Hamptoncourt qui appartient au roi.

Il existe dans les animaux deux sortes de beautés : celle qui résulte de formes gracieuses, et celle qui n'est que la conformation la plus parfaite pour l'usage auquel ils sont destinés. Ainsi, cette dernière beauté est relative ; elle n'est pas la même pour un cheval de course, un cheval d'escadron, ou un cheval qui ne doit que traîner au pas de lourds fardeaux ; elle n'est pas non plus la même pour les bêtes à cornes, sous le triple rapport du travail, de la laiterie et de la boucherie.

On trouve, parmi les nombreuses variétés des bêtes suisses, le modèle d'un beau bœuf de travail.

Beauté d'un bœuf de travail. — Un tel bœuf doit être bien ouvert du poitrail et des hanches, bien établi sur ses quatre membres ; ses jambes, de hauteur médiocre, doivent être nerveuses, sans être trop fortes ; il doit avoir des jarrets larges, une tête de moyenne grandeur, la côte bien arrondie, un ventre qui ne soit ni gros ni pendant, un garrot et des reins larges, un dos rectiligne du garrot à la croupe, des hanches peu saillantes, la queue bien attachée et s'élevant un peu au-dessus de la croupe, la cuisse arrondie, les cornes bien contournées, les pieds solides. Quant au fanon, il ne doit pas être trop grand. Je suis loin de considérer cette longue peau comme une beauté, et elle n'est qu'un mauvais indice, sous le rapport de toutes les qualités que l'on peut rechercher dans un bœuf ou dans une vache. Le bœuf de travail doit être en outre de taille et de force appropriées au sol qu'il est destiné à cultiver. Il doit être docile, agile et peu délicat sur la nourriture.

Beauté et perfection d'une vache laitière. — Quant à la vache laitière, la beauté ne peut être pour elle le résultat de ses qualités. Aussi les vaches grandes laitières ont-elles rarement des formes qui plaisent à l'œil. Elles sont généralement maigres, parce que chez elles les alimens servent surtout à la production du lait, et elles sont généralement mal conformées, parce que les éleveurs tirent race des meilleures laitières, sans avoir égard aux formes. On peut cependant rencontrer de bonnes laitières de toutes les formes. On en trouve dans de très-belles vaches suisses, aux formes arrondies, et dans les vaches hollandaises, longues, minces, maigres, aux os saillans, aux formes dures.

Les qualités d'une bonne vache varient encore suivant sa destination, selon que l'on veut obtenir du lait destiné à être vendu frais, du fromage ou du beurre.

Telle vache donne une grande abondance de lait, mais léger et séreux ; telle autre donne une quantité de lait satisfaisante, lorsqu'elle est fraîche, mais tarit trois ou quatre mois avant de mettre bas.

C'est pour cela qu'il est si difficile d'acheter des vaches, et que l'on peut si facilement être trompé.

Une vache bien faite, douce de caractère, qui s'entretient bien, qui donne en abondance un lait riche jusque six semaines avant de mettre bas, une telle vache est un trésor dans un ménage, et l'on en trouve bien peu de semblables à acheter. A quels signes la reconnaît-on ? Je crois qu'il n'en est point de certains, et que ceux que l'on peut observer ne peuvent être que l'indice de la quantité de lait.

Une bonne laitière a ordinairement la peau mince, souple, moelleuse, bien détachée, la charpente osseuse légère, le poil fin, peu de fanon, des veines lactifères grosses ou ondulées, qui s'avancent loin sous le ventre, les *sources* larges. J'ai rencontré de très-bonnes vaches qui avaient les sources doubles (1). J'en ai trouvé d'autres qui avaient six trayons, dont deux petits ne

____

(1) Si l'on suit avec la main les veines laitières, en partant du pis, on trouve qu'elles aboutissent chacune à un trou que l'on sent sous la peau et dans lequel on doit pouvoir mettre le bout du doigt. Ce sont ces trous qu'on nomme *les sources.* Quelquefois une des veines, très-rarement les deux, se partagent à leur extrémité en deux branches qui ont chacune une source.

donnaient pas de lait. Quant à toutes les autres marques, je suis bien convaincu qu'elles ne signifient rien, et tout ce qu'on peut admettre, c'est qu'on trouve dans certaines races bonnes laitières, certains caractères qui leur sont particuliers, mais qui ne peuvent s'appliquer à d'autres races, ni servir de règles générales.

Beauté d'une bête d'engrais.—Pour les bêtes d'engrais, bêtes dont l'unique destination est la boucherie, ce sont l'engraisseur et le boucher qui sont les juges de leur beauté, et le plus beau bœuf gras sera celui qui, engraissé aux moindres frais, donnera la plus grande quantité de viande et de la meilleure qualité. Ainsi ce bœuf, dans sa perfection, sera une espèce de monstre, une masse compacte de viande et de graisse, avec des membres, un cou et une tête d'une petitesse disproportionnée au volume du corps. Voici la définition que donne *Favre* d'un beau bœuf à engraisser :

« Des formes agréablement arrondies et les chairs élastiques au toucher, des jambes minces, plutôt courtes que longues, un corps alongé, les flancs pleins, la côte ronde et un peu de ventre; une peau mince, souple, très-mobile sur les côtes, avec le poil fin, court, peu touffu, bien lustré et de teinte légère ; une queue mince, des fesses peu fendues et bien charnues : ce qu'on désigne en disant *bien culotté* ; les reins larges et un garrot gras, un cou épais, plutôt court que long, un poitrail évasé avec les épaules rondes ; une tête longue et fine, avec les yeux saillans, le regard vif, doux et assuré ; des cornes minces et de substance fine, presque transparente ou de couleur blanchâtre ; la castration ayant eu lieu à la mamelle ; le caractère doux et l'appétit bon ; cinq ans faits, dont deux employés à un travail léger. Tel est le modèle idéal d'un bœuf à engraisser. »

On voit déjà combien l'éducation améliorée du bétail est loin de la pratique ordinaire des cultivateurs, qui multiplient sans but certain des animaux tantôt médiocres, tantôt mauvais, selon que le hasard les leur a transmis.

Mais la plus grande difficulté n'est pas de se procurer une bonne race pour une seule destination positive; car la boucherie étant la destination finale de toutes les bêtes, il est presque toujours de l'intérêt du cultivateur que ses bœufs de travail et ses vaches laitières soient de nature à être facilement engraissés.

Bakewell. — Sa doctrine.

Les Anglais possèdent une race de bêtes à cornes et une de bêtes à laine, les meilleures probablement qui existent pour l'engraissement. Ils sont redevables de ces deux races à un seul homme, *Bakewell*, né à Dishley en Leicestershire, en 1725, mort le 1er octobre 1795.

Le nom de Robert Bakewell sera long-temps cher aux amis de l'agriculture. Voici les principes fondamentaux de sa doctrine :

« Les défauts et les perfections de formes se communiquent des animaux dont on tire race aux individus qui en proviennent.

» *La petitesse des os, une peau mince et une forme semblable à celle d'un tonneau,* indiquent la faculté de prendre la graisse promptement et avec une quantité de nourriture comparativement peu considérable.

» Bakewell, qui trouva ces principes d'après sa propre expérience et ses réflexions, créa deux races de bêtes à cornes et à laine qui portent son nom ou celui de sa ferme Dishley.

» Cet habile fermier a loué, pour une seule année, son fameux bélier, *Two-Pounders,* à raison de 800 guinées, en se réservant le service de son propre troupeau, évalué à 400 guinées, c'est-à-dire, pour un seul bélier, la rente de 1200 guinées (1). »

Bakewell ne parvint à ces résultats qu'après des essais prolongés, et avec des frais auxquels sa fortune n'aurait pu suffire; le Parlement vint à son aide.

(1) Pictet, *C. d'agric. angl.*

« Le Parlement anglais a employé quelques centaines de mille francs à encourager et soutenir les efforts de cet homme ; dans cette somme, chaque guinée a augmenté peut-être d'un million le revenu territorial de la Grande-Bretagne, et depuis qu'elle est sortie du trésor de l'État, chaque guinée y a certainement fait entrer plusieurs milliers de guinées ; car le revenu du trésor ne manque jamais de s'accroître avec la richesse publique. Où trouverons-nous notre Bakewell (1) ? »

On pourrait dire : Un homme doué du génie de Bakewell trouverait-il en France un gouvernement qui sût l'apprécier et l'encourager ?

Voici les principaux caractères que l'on recherche en Angleterre dans la race créée par le fameux Bakewell pour la disposition à engraisser :

1° Que l'animal soit bas sur jambes ; il est rare qu'un bœuf très-bas sur jambes ne soit pas bien fait d'ailleurs ;

2° Que l'épine du dos soit droite comme une flèche, et le dos large et plat ;

3° Que le corps soit arrondi et aussi semblable à un tonneau, que la direction parfaitement droite de l'épine puisse le comporter ;

4° La poitrine de l'animal doit être large, de manière que la partie antérieure du tonneau soit aussi considérable que sa partie postérieure.

On considère en Angleterre le poil frisé comme indiquant une disposition à l'engraissement.

L'Angleterre paraît avoir été, avant Bakewell, à peu près au point où est aujourd'hui la France. Voici ce que nous apprend à cet égard Sinclair, qui nous fournit en même temps d'excellens principes sur l'amélioration du bétail.

Propriétés à désirer dans le bétail.

Les propriétés qu'on peut désirer dans le bétail peuvent être classées sous les titres suivans :

1° La taille ; 2° les formes ; 3° la disposition à l'accroissement ; 4° la faculté d'engraisser jeune ; 5° la vigueur de la constitution ; 6° les qualités prolifiques ; 7° la qualité de la viande ; 8° la disposition à prendre la graisse ; 9° enfin, la légèreté des parties de l'animal, qui ont peu ou pas de valeur.

1° *La taille.*—Avant les améliorations introduites par Bakewell, on ne jugeait de la valeur d'un animal que par son volume ; on faisait plus d'attention à la somme qu'on finissait par obtenir de la bête, qu'au prix qu'avait coûté sa nourriture. Depuis que les éleveurs ont commencé à calculer avec plus de précision, les animaux de petite taille ou de taille moyenne ont été généralement préférés par les raisons suivantes :

1. Les animaux de petite taille sont d'un entretien plus facile. On a vu un fermier, en changeant la race de ses bêtes à laine de grande taille contre une race plus petite, augmenter le nombre de ses brebis et agneaux de 660 à 890, et le profit s'est élevé de 450 liv. à 724 liv. Il ne faut cependant pas que la race soit inférieure à la qualité du pâturage ; en d'autres termes, il ne faut pas mettre une petite race sur un sol riche.

2. Leur viande a un grain plus fin, plus de sucs, ordinairement une meilleure saveur, et elle est mieux mélangée de graisse. Remarquez à cette occasion que la *marbrure* de la viande, c'est-à-dire la disposition de la graisse en couches peu épaisses dans la chair, dépend non-seulement de la constitution particulière de l'animal, mais encore de son âge et de la durée de l'engraissement.

3. Ils conviennent mieux à la consommation générale.

4. Les gros animaux pétrissent plus le sol des pâturages.

5. Ils sont moins actifs, exigent plus de repos, recueillent leur nourriture

______

(1) *Annales de Roville,* 2ᵉ livraison, 1825.

avec plus de peine, et ne consomment que les espèces de plantes de la meilleure qualité.

6. Les bœufs de petite race peuvent être engraissés uniquement à la pâture, même sur des pâturages médiocres.

7. Les petites vaches des véritables races de laiterie donnent proportionnellement plus de lait que les grandes.

8. On a plus de facilité à se procurer des bestiaux de choix dans les petites races.

9. Le capital d'achat et d'entretien et les chances sont moindres.

10. Les bêtes de petites races se vendent mieux, car les bouchers savent très-bien qu'il y a proportionnellement plus de parties qui se vendent à un prix élevé dans un petit bœuf que dans un grand, et ils achètent plus cher deux bœufs de 12 stones chacun par quartier, qu'un bœuf de 24 stones.

A ces argumens, Sinclair aurait pu ajouter les suivans.

1. Relativement aux bêtes à laine, les petites bêtes offrent proportionnellement plus de surface à tondre et fournissent par conséquent plus de laine que les grandes.

2. Pour les bœufs de travail, il est d'un grand avantage que deux bœufs puissent tirer la charrue; mais, à part cette considération, les animaux de petite et de moyenne taille sont plus agiles, plus nerveux, et font relativement plus d'ouvrage que les bêtes très-grandes et très-pesantes.

3. Ils sont aussi plus faciles à nourrir.

4. Dans les petites races, la croissance et le développement sont plus précoces.

5. Enfin, les petites races peuvent prospérer partout, et l'éleveur trouve ainsi plus d'amateurs pour les bêtes qu'il a à vendre. Les très-grandes races ne conviennent pas dans les pays montueux; elles ne peuvent prospérer qu'avec une nourriture très-abondante, et des fourrages d'excellente qualité.

On allègue cependant des raisons en faveur des bêtes *de grande taille.*

1. Sans chercher si un bœuf de grande taille a consommé porportionnellement à sa grande taille, depuis sa naissance jusqu'à ce qu'il soit livré au boucher, plus qu'un petit, il est certain qu'il paie tout aussi bien sa nourriture à celui qui l'a acheté pour l'engraisser.

Ce dernier fait admis prouverait seulement pour l'engraissement des grands bœufs, et le désavantage de l'éleveur resterait non contesté.

2. Il y a des bœufs de grandes races dont la viande est aussi délicate que celle des bœufs de petite taille.

C'est là une exception qui ne renverse pas la règle générale.

3. Les bœufs de grande taille ont toujours la préférence sur les marchés des grandes villes, et particulièrement de la capitale.

4. Il est incontestable que la chair des grands bœufs convient mieux pour les salaisons.

5. Les cuirs des grands bœufs sont nécessaires dans beaucoup de manufactures.

6. Les bestiaux de grande race sont en général d'une disposition plus tranquille.

7. Lorsque les pâturages sont de bonne qualité, les bestiaux y augmentent de taille, sans aucun soin de la part de l'engraisseur.

8. L'art d'engraisser le bétail et même les moutons avec les tourteaux d'huile, ayant reçu beaucoup de perfectionnement et d'extension, les avantages de cette méthode ne peuvent s'appliquer qu'à des bœufs de grande taille, attendu que les petits bœufs s'engraissent aussi bien avec de l'herbe et des turneps qu'avec des tourteaux.

On accorde donc que les petits bœufs ont l'avantage de pouvoir être engraissés avec une nourriture de moindre valeur; mais ceci ne préjuge en rien le fond de la question, à savoir si les petits bœufs ne paient pas mieux que les grands une meilleure nourriture.

9. Enfin, les bœufs de grande taille conviennent mieux pour le travail que les petits, deux grands bœufs faisant l'ouvrage de quatre petits à la charrue ou au chariot.

C'est ce que je suis loin d'accorder. Les grands bœufs n'ont, à cet égard, de supériorité que quand deux bœufs peuvent tirer la charrue dans des terres où il en faudrait quatre moins forts.

2° *Les formes.* — Les éleveurs les plus expérimentés sont d'accord sur les points suivans :

1. La forme du corps doit être compacte, de manière qu'aucune partie de l'animal ne soit disproportionnée avec les autres, et que le tout présente une masse bien arrondie et bien remplie.

2. Le coffre doit être large, car une bête dont le coffre est étroit ne s'engraisse jamais facilement.

3. La carcasse doit être profonde et en ligne droite.

4. Le ventre doit être d'une proportion moyenne. Les races distinguées ont ordinairement les intestins moins volumineux que les bêtes de races communes. On attribue cette circonstance à ce que, recevant, dans leur jeunesse, des alimens très-substantiels et qui contiennent beaucoup de matière nutritive sous un petit volume, le canal intestinal est moins distendu que dans les animaux qui ont été élevés avec des alimens plus grossiers. Cependant on doit se tenir en garde contre des intestins grêles et trop peu volumineux ; une bête qui a ce défaut se nourrit mal.

5. Les jambes doivent être courtes.

6. La tête, les os, et les autres parties de peu de valeur doivent être aussi petites que peuvent le permettre la force de l'animal et les autres qualités qu'il doit posséder.

Dans les animaux élevés pour la boucherie, les formes doivent être telles qu'ils contiennent la plus grande quantité possible des parties les plus estimées, en proportion des parties qui ont moins de valeur.

Autrefois on estimait la valeur d'un animal par le volume de ses os. On sait bien aujourd'hui qu'on avait poussé cette doctrine beaucoup trop loin. La vigueur d'un animal ne dépend pas de ses os, mais de ses muscles ; et, selon l'opinion de M. Cline, des os démesurément gros indiquent une imperfection dans les organes de la nutrition. Bakewell insistait fortement sur les avantages des petits os, et le célèbre John Hunter disait que dans tous les individus qu'il avait eu occasion d'examiner, il avait toujours vu de petits os accompagnés d'un grand volume de parties charnues. Cependant les petits os étant plus pesans et plus substantiels, exigent autant de nourriture que les os creux qui ont une plus grande circonférence (1).

3° *Promptitude de la croissance.* — Parmi les qualités qui distinguent les races améliorées de bêtes à cornes et de moutons, on compte la promptitude de la croissance jointe à la longueur du corps.

4° *Faculté d'engraisser jeune.* — C'est un objet d'une très-grande importance pour le cultivateur, parce que ses profits dépendent en grande partie de là.

5° *Constitution robuste.*

6° *Qualité prolifique.*

7° *Qualité de la viande.* — Deux animaux portés au même degré de graisse, du même poids, et qui ont été nourris avec des dépenses égales, se vendront cependant à des prix très-différens, uniquement à cause des qualités connues de la viande.

(1) Les os servent d'attache aux muscles ; ainsi des os très-minces peuvent être un indice d'un manque de vigueur, et ne seront jamais une qualité que pour l'animal uniquement destiné à la boucherie. Les petits os, par exemple, ceux des chevaux de race, sont compactes et pesans, tandis que les os volumineux des grands chevaux de trait sont extrêmement poreux, et par conséquent légers relativement à leur volume apparent. Des os trop minces sont cependant aussi un grand défaut.

8° *Disposition à engraisser.*—Il y a des races dont les animaux sont disposés à prendre la graisse pendant tout le cours de leur vie, tandis que d'autres ne s'engraissent facilement que quand leur croissance est complète. On voit de même, dans la race humaine, des individus prendre une corpulence extraordinaire sans consommer une grande quantité d'alimens. Il est probable que la propriété d'engraisser rapidement vient de la conformation intérieure.

C'est une très-mauvaise économie que de tuer les porcs avant qu'ils soient complètement gras.

Dans un bœuf ou une vache maigre, on ne trouve presque que la peau et les os, quoique la petite quantité de viande qu'ils fournissent puisse être de bonne qualité. Si l'on tue une bête dans cet état, le public ne peut qu'y perdre, et le propriétaire ne peut s'indemniser des dépenses de nourriture et d'entretien. Les bœufs à chair grossière et pesante, qui exigent un temps très-long et une quantité énorme de nourriture pour être engraissés, pourraient plutôt être tués avec avantage avant d'être gras. Au reste, les plaintes des consommateurs ont plutôt pour objet la difficulté de se procurer de la viande maigre, que l'excès de graisse auquel on pousse les bestiaux ; car il est très-certain que les parties maigres de la chair d'un animal gras sont d'une qualité supérieure, et contiennent plus de matière nutritive que toute autre viande.

Il n'y a nul doute que la viande grasse ne soit plus nourrissante que la viande maigre, quoique la graisse exige pour sa digestion un estomac robuste. Le docteur Stark a prétendu prouver par ses expériences que *trois onces* de bœuf gras bouilli sont égales, sous le rapport de la faculté nutritive, à *une livre* de bœuf maigre.

On ne peut pas expliquer l'art de manier le bétail ; il ne peut s'apprendre que par l'expérience.

La peau et la chair d'un bœuf, lorsqu'on le manie, doivent paraître douces au toucher, à peu près comme la peau d'une taupe, mais présentant un peu plus de résistance sous les doigts.

On conçoit qu'une peau douce et moelleuse doit prendre avec plus de facilité l'extension nécessaire pour contenir une quantité extraordinaire de chair et de graisse, qu'une peau épaisse et dure. La peau douce et moelleuse indique en outre un tissu cellulaire lâche, et une contexture analogue de la chair qui se prête à la formation de la graisse.

La race perfectionnée des bœufs à courtes cornes, outre la qualité moelleuse de la peau, se distingue aussi par la douceur et l'apparence soyeuse du poil (1).

9° *Légèreté relative des issues.* — Il est fort important que dans un animal qu'on élève exclusivement pour la boucherie, le poids des issues ou parties de

---

(1) Une peau souple et mince, avec de petits os, voilà les premières qualités exigées par les plus habiles engraisseurs; mais les bouchers font un bien grand tort aux progrès de l'art, en accordant une valeur plus considérable aux bœufs qui ont de gros os et un cuir épais. Il est cependant facile de sentir que consommateur et engraisseur sont ici complètement dupes des bouchers : le consommateur, en ce qu'il paie les os comme la meilleure viande ; l'engraisseur, en ce qu'il travaille sur des animaux qui offrent le plus grand bénéfice à celui qui les tue, mais le moindre à celui qui les vend. Ce n'est pas ici le cas d'appliquer ce principe d'ailleurs très-juste, que le producteur doit se conformer aux goûts du consommateur. Le boucher évalue le poids de la chair nette d'un bœuf, et la paie en conséquence, sans s'inquiéter de ce qu'il a coûté à engraisser. Les issues forment ordinairement son bénéfice, et il est bien clair qu'un poids plus considérable de cuir lui donne une augmentation de profit, une livre de cuir valant d'ailleurs plus qu'une livre de viande. Mais en supposant qu'à poids égal de viande nette, le boucher paie quelque chose de plus pour un bœuf à peau épaisse, il n'en reste pas moins incontestable que ce n'est pas sur le bœuf vendu le plus cher que l'engraisseur trouve le plus grand profit net, mais sur celui avec lequel chaque livre de viande a été produite aux moindres frais (1). Tout le bavardage de tous les bouchers du monde ne pourra rien contre l'évidence de cette question ramenée ainsi à sa véritable expression.

peu de valeur soit aussi peu considérable que possible, relativement au poids de la viande et de la graisse, sans cependant que la proportion soit de nature à nuire à la santé de l'animal.

Voici le poids des différentes parties d'un bœuf de Devonshire, âgé de 3 ans 10 mois :

Poids de l'animal en vie : 1439 liv. françaises.

Suif.	133	
Peau.	79	
Tête et langue.	34	
Cœur, foie et poumons.	19	433
Pieds.	16	
Entrailles et sang.	152	
Viande de boucherie, les quatre quartiers.		1,006
		1,439

On voit que c'était un bœuf de première qualité, puisque la viande de boucherie forme plus des deux tiers du poids de l'animal en vie.

Dans d'autres expériences, le terme moyen a été de 67 à 70 p. 100 (1).

Lorsqu'on engraisse un bœuf pendant deux années de suite, on obtient une bien plus grande proportion de viande de boucherie ; cependant elle n'excède presque jamais les trois quarts du poids de l'animal en vie.

Tels sont les principes que nous fournit Sinclair dans l'ouvrage traduit en français par M. de Dombasle : *Agriculture pratique et raisonnée.*

Les Anglais se sont surtout occupés de la viande, et ils ont, sous ce rapport, atteint une grande perfection ; ils ont pourtant aussi leurs vaches laitières. Ces deux races ont été transportées sur divers points du continent, et les cultivateurs qui voudront élever des bêtes pour l'une ou l'autre de ces destinations exclusivement, sont certains, s'ils veulent ou peuvent y consacrer l'argent nécessaire, de trouver des souches précieuses.

Chercher une race qui réunisse les trois qualités.

Mais la tâche est plus difficile pour celui qui voudra se procurer une race de bêtes qui prenne facilement la graisse, et qui fournisse à la fois de bonnes laitières et de bons bœufs de travail.

Il est bien vrai que les bêtes d'engrais et les vaches laitières forment deux races tout-à-fait distinctes, et qu'il ne peut exister de race qui donne à la fois d'excellentes laitières et des bêtes possédant au degré le plus éminent la faculté de prendre la graisse. Cependant ne peut-il pas, dans beaucoup de cas, être avantageux de réunir les deux qualités, sans prétendre pour chacune à une aussi grande perfection ?

Les caractères qui indiquent dans une vache la faculté de donner beaucoup de lait, et, dans un bœuf, celle d'engraisser facilement, sont les mêmes : peau souple, bien détachée, charpente osseuse légère.

La même race de chevaux ne peut, comme l'a dit un agriculteur distingué, fournir des chevaux pour la selle et pour le roulage.

Ces deux destinations demandent certainement deux races bien distinctes et bien différentes l'une de l'autre ; mais combien ne voyons-nous pas de cultivateurs élevant des chevaux qui deviennent des carrossiers ou des chevaux d'officiers, et qui sont en même temps de fort bons chevaux de travail ?

Que doit faire le gouvernement pour l'éducation des chevaux et des bestiaux ?

La Prusse septentrionale nous offre, en ce qui concerne l'encouragement de l'éducation des chevaux, un exemple que d'autres pays pourraient imiter

(1) Voir à cet égard l'excellente brochure de Favre, et les *Annales de Roville.*

avec avantage. On offre aux cultivateurs pour type le cheval de troupe, produit de l'alliance d'étalons de race avec des jumens du pays, soit communes, soit améliorées à des degrés plus ou moins élevés. On obtient ainsi, suivant les localités, des chevaux de toutes les tailles et pour toutes les armes ; les plus distingués donnent des chevaux d'officiers, les autres des chevaux de soldats, et tous peuvent fournir de bons chevaux de voiture et de travail (1).

L'Allemagne produit une grande quantité de chevaux qui ont de la taille et de la figure, mais qui sont défectueux sous beaucoup de rapports, et qui manquent généralement de solidité et de vigueur. Il est sage de chercher à améliorer de telles races par des étalons qui leur soient appropriés. Mais ce serait folie aux cultivateurs français de suivre cet exemple, lorsqu'ils possèdent pour les travaux de l'agriculture, pour les services des postes, du roulage, des bateaux, les meilleurs chevaux qui existent, et qu'ils sont toujours certains de vendre à des prix avantageux.

La question pour les bêtes à cornes est résolue aussi par les faits, et d'une manière au moins aussi concluante.

La tâche des gouvernemens devrait être en général d'écarter les obstacles et de laisser agir l'industrie particulière. On leur doit déjà beaucoup de reconnaissance s'ils procurent liberté et sécurité. Cependant ils peuvent souvent faire plus, et l'on doit leur en supposer l'intention, puisqu'on voit figurer dans chacun de leurs budgets une somme pour encouragemens à l'agriculture. Dans mon opinion, c'est un grand malheur que les haras destinés comme ils le sont à la multiplication des chevaux de race, absorbent une si grande partie des fonds qui devraient être consacrés à l'agriculture.

L'Angleterre, qui possède aujourd'hui les meilleurs chevaux de l'Europe, n'a point de haras : c'est l'industrie particulière seule qui s'occupe de la multiplication et du perfectionnement des races. Cependant ce sont des rois qui y ont importé les premiers chevaux arabes, souche de la race actuelle. Les courses, ou plutôt la passion des paris et d'un jeu dont les courses ne sont que le prétexte, ont fait le reste.

Les gouvernemens ou souverains des autres pays font aussi à grands frais venir des étalons arabes ; mais il me semble qu'ils pourraient, avec de bien moindres dépenses, être plus utiles à l'agriculture et au pays. Un riche particulier, amateur de chevaux, fera plus facilement venir un étalon arabe, qu'un fermier n'achètera, à cinquante lieues de chez lui, un étalon breton ou percheron, ou une jument flamande ou normande. Les cultivateurs voyagent peu, beaucoup ne connaissent pas du tout les races qui sont à quelque distance de chez eux, beaucoup d'autres qui les connaissent n'ont ni le temps ni les moyens d'aller faire des achats.

Je voudrais donc que le gouvernement établît dans les diverses parties de la France des dépôts d'étalons, chevaux de travail, des races les mieux appropriées aux localités, et les conservât seulement pendant quelques années jusqu'à ce qu'il existât des souches.

Je voudrais qu'on en fît autant pour les bêtes à cornes. On a établi des bergeries importantes, au moyen desquelles tout le sol français a été successive-

(1) De cette comparaison que je tire de l'éducation des chevaux, je serais fâché que l'on conclût que je suis partisan des haras tels qu'ils existent, et de l'éducation des chevaux de race pour les cultivateurs. Je voudrais que les haras fournissent des étalons plus solides, plus robustes ; je voudrais surtout que les cultivateurs placés dans une position favorable à l'éducation des chevaux, s'occupassent de multiplier, de perfectionner les excellentes races de chevaux de travail que possède la France, la race ardennaise, la bretonne, la percheronne, qui fournissent les chevaux les plus propres aux travaux de l'agriculture, ainsi qu'à une foule d'autres services, et aussi la race flamande, qui convient à quelques localités.

ment couvert de mérinos. Il ne serait pas plus difficile, et il serait au moins aussi utile d'établir des bouveries nationales.

Quant aux chevaux de luxe, de chasse, de course, on peut laisser au luxe le soin de les produire. S'ils deviennent rares et chers, leur haut prix suffira pour en encourager la production.

Positions où le lait est objet de spéculation.

Il est quelques localités, comme dans le voisinage des grandes villes, où la laiterie peut être un objet unique de spéculation. Là, on n'élève pas; on tire un bien meilleur parti du lait en le vendant qu'en le faisant consommer par des veaux ; on achète des vaches laitières, on les nourrit de manière à en obtenir la plus grande quantité de lait possible, et lorsqu'elles cessent d'en donner, on les vend comme on peut. Elles doivent alors s'être déjà payées elles-mêmes.

Positions où l'on n'élève des bêtes que pour la boucherie.

Au contraire, dans les lieux reculés, où l'on ne peut vendre de lait, où le beurre a peu de valeur, et où les débouchés manquent pour les grains, il peut être avantageux pour de grands cultivateurs d'élever des bêtes uniquement destinées à la boucherie, et qui, indépendamment de toute autre qualité, possèdent à un degré éminent la faculté de prendre la graisse.

Ainsi il existe réellement deux races tout-à-fait distinctes, celle des laitières, chez lesquelles tous les alimens servent à la production du lait, et celle des bêtes d'engrais, où la presque totalité des sucs nourriciers se convertit en chair et en graisse. Mais ces deux cas sont, pour ainsi dire, des exceptions. Les bestiaux sont en général élevés par de petits cultivateurs qui veulent que les vaches donnent du lait, que les bœufs travaillent, et qu'enfin les unes et les autres soient faciles à engraisser.

Les fermiers, les grands cultivateurs, qui élèvent relativement moins, veulent que leurs vaches fournissent du lait pour les besoins du ménage, et aient en même temps de la valeur pour la boucherie; ils veulent aussi que les bœufs qu'ils achètent des petits cultivateurs soient d'abord de bons bœufs de travail et ensuite de bons bœufs à engraisser.

Différentes races de bêtes à cornes.

Bêtes suisses. — La Suisse ne possède pas les meilleures bêtes à cornes. On est trop disposé à croire en France que c'est dans ce pays qu'on trouve ce qu'il y a de mieux en fait de vaches. Il est vrai que l'excellence des fourrages, des soins bien entendus et l'amour-propre des propriétaires de troupeaux, ont fait atteindre aux vaches suisses un certain point de perfection; mais ces bêtes sont loin d'être toutes parfaites, et si elles sont en général remarquables par leur taille et la beauté de leurs formes, il s'en trouve beaucoup qui, pour les qualités, ne sont aucunement ce qu'il y a de mieux.

Le dernier duc de Deux-Ponts avait fait venir un troupeau de vaches suisses, de couleur noir-pie et distinguées par leur taille et par la beauté de leurs formes. La séduction fut générale, chacun voulut en avoir, et l'espèce se répandit non-seulement dans le pays de Deux-Ponts, mais encore dans les environs à d'assez grandes distances.

Ce ne fut qu'environ quarante ans après que l'on s'aperçut que si ces bêtes étaient très-belles, elles n'étaient pas bonnes; elles s'entretenaient très-mal, elles s'engraissaient difficilement, et surtout elles *se tuaient mal.* Les plaintes des bouchers à cet égard étaient unanimes (1), et il fut si bien reconnu que

(1) « Il y a des animaux qui ont beaucoup de chair et peu de suif, telle est la race *des bœufs suisses.*» *Traité de l'engraissement des animaux domestiques,* par Chabert, Paris. 1806.

Cette note prouve que les reproches faits aux bœufs suisses ne sont pas nouveaux.

la race ne valait rien, qu'aujourd'hui, quand dans une commune on adjuge la fourniture d'un taureau, une des conditions est qu'il ne sera pas de cette race, tandis que, il y a quelques années, on ne manquait pas de stipuler qu'il devait être de la race suisse noir-pie. Il est juste cependant de faire observer que c'est en Suisse que l'on trouve les bêtes des plus belles formes, qu'elles sont en outre remarquables par la douceur de leur caractère, et que la Suisse a une assez grande étendue pour posséder un grand nombre de races ou sous-races qui peuvent beaucoup différer entre elles, dont les unes peuvent être bonnes, tandis que d'autres sont mauvaises.

Ce qui est bien certain, c'est que la race *noir-pie* importée dans le pays de Deux-Ponts n'était pas bonne.

On conçoit quel tort immense les cultivateurs et le pays ont éprouvé, et combien il faudra de temps pour que le mal soit réparé. Cet exemple prouve aux jeunes cultivateurs de quelle importance il est pour eux de commencer avec une bonne souche, et de bien s'assurer que celle avec laquelle ils commencent est réellement bonne.

Mes conseils peuvent ici avoir d'autant plus de poids, que j'ai acquis l'expérience à mes dépens. J'ai aussi commencé avec cette race suisse, et si depuis j'ai eu le bonheur de la remplacer par une autre race excellente, je suis cependant en arrière de dix ans, sans compter les bénéfices que je n'ai pas faits et que j'aurais dû faire, si dès le principe j'avais suivi une bonne route.

Le passage suivant, extrait de Schmalz (1), prouve la fausseté des idées trop généralement répandues à l'égard des vaches suisses, et comment la grande quantité de lait que produisent quelques-unes d'entre elles peut donner lieu à de faux calculs.

« J'ai appris à connaître plusieurs races de bêtes à cornes; j'ai même eu en même temps la surveillance et j'ai tenu la comptabilité de trois écuries de bêtes de trois races différentes, chacune soignée et nourrie séparément. J'ai été à même de faire d'intéressantes observations comparatives.

» Les grandes vaches suisses du canton de Fribourg étaient difficiles sur la nourriture; elles souffraient la faim plutôt que de manger de la paille; elles étaient grandes mangeuses, donnaient beaucoup de lait comparativement aux deux autres races; mais ce lait, contenant beaucoup de parties caséeuses, était peu riche en beurre.

» Les vaches de Frise étaient aussi à la vérité difficiles; elles mangeaient cependant de la paille. Elles avaient besoin pour être rassasiées d'autant de fourrage que les suisses, donnaient 15 p. $\%$ moins de lait, mais qui était plus riche en beurre. Chez ces vaches, le part était toujours difficile et très-dangereux.

» Les vaches de Voigtland n'étaient nullement difficiles; elles mangeaient volontiers beaucoup de paille, et deux d'entre elles, prises parmi les plus fortes, ne coûtaient ainsi pas plus à nourrir qu'une seule vache suisse; et cependant ces deux vaches donnaient environ moitié plus de beurre qu'une vache suisse, par conséquent un produit net beaucoup plus considérable. »

Race du Glan. — Tandis que l'on faisait à grands frais venir à Deux-Ponts des vaches suisses, on avait tout près de soi une race précieuse, trop peu connue, et j'aurais la conscience d'avoir bien mérité de l'agriculture, si je pouvais la faire connaître et apprécier.

Cette race est celle du Glan (prononcez *Glâne*), dans la Bavière rhénane.

Le Glan est une petite rivière qui prend sa source près de Waldmohr, non loin de Hambourg, petite ville sur la route de Mayence. Il coule vers l'est et se jette dans la Nahe, qui elle-même aboutit au Rhin, à Bingen, entre Mayence et Coblentz. C'est sur les bords de cette petite rivière, particulièrement au-dessous de Kousel, qu'il existe une race précieuse de bêtes à

---

(1) *Erfahrungen im Gebiete der Landwirthschaft*, t. 2, p. 11.

cornes, que l'on pourrait amener au plus haut point de perfection, avec les soins et un choix judicieux des animaux destinés à la reproduction.

Les bêtes sont de robe baie de diverses nuances, ou isabelle, ou d'un bai clair lavé, mélange de bai et d'isabelle.

On ne rencontre pas de bêtes brunes, ni de noires, ni de pies. Celles qui ne sont pas zain ont seulement la face blanche.

Elles sont en général bien conformées, à l'exception de la croupe, qui est courte et souvent avalée. Le poids moyen des bœufs est d'environ 7 quintaux. Ils ont la peau douce, moëlleuse, le poil fin; ils sont dociles, travaillent bien, engraissent facilement, et leur viande est d'excellente qualité.

Les vaches sont bonnes laitières. J'en ai eu une du poids d'environ 5 quintaux, qui, fraîche et nourrie de trèfle vert, a donné par jour jusqu'à 24 litres de lait de bonne qualité, et il n'est pas rare de trouver des vaches de cette race qui donnent 18 litres de lait.

Ces vaches, lorsqu'elles sont fraîches, deviennent maigres, quoique très-bien nourries, et lorsqu'elles avancent dans la gestation, elles reprennent du corps à mesure que le lait diminue, de sorte qu'elles sont ordinairement grasses quand elles mettent bas.

Le petit pays où existe cette race est très-montueux, coupé d'une multitude d'étroites vallées; il était, il y a quelques années, presque entièrement privé de communications, et par l'éducation du bétail il a acquis un haut degré de prospérité.

Les terres y sont arrivées à un point de fertilité remarquable, et la vente du bétail y amène une quantité considérable de numéraire.

La principale foire se tient à la Saint-Barthélemy, vers la fin du mois d'août, à Quirnbach, petit village situé dans une gorge étroite. Il y vient plusieurs milliers de bœufs et quelques centaines de taureaux, des bouvillons, des génisses, des porcs, des moutons, quelques chevaux.

Les vaches y sont en petit nombre, et la plupart sont vieilles ou de très-peu de valeur. Celui qui veut acheter des vaches choisies, est obligé de les chercher chez les cultivateurs.

Quant aux taureaux, on en trouve de tous les âges et de toutes les tailles. On amène là de tous les environs les vieux taureaux qui sont vendus à des bouchers ou à des Juifs, et que l'on remplace immédiatement par des jeunes.

Race du Mont-Tonnerre. — En avançant vers le Rhin, on trouve une autre race isabelle qui a beaucoup de rapport avec celle du Glan, mais qui est plus forte, et qui par cette raison est aujourd'hui en faveur; elle fournit des bœufs de 1000 liv. et au-dessus.

Le principal débouché des bœufs étant en France, et le droit d'entrée se payant par tête, sans égard au poids, les engraisseurs ont été amenés à rechercher des bœufs d'un poids considérable, sans considérer que s'ils gagnent quelque chose sur les douanes, ils perdent probablement davantage sous d'autres rapports.

Cette dernière race est connue sous le nom de race du Mont-Tonnerre.

Les plus belles et les plus fortes bêtes se trouvent près du Mont-Tonnerre, de Kaiserslautern à Kirchheimbolanden.

Les vaches de 8 quintaux ne sont pas rares, et l'on voit fréquemment la charrue tirée par une seule vache.

Quoique, dans mon opinion, la race du Glan soit préférable, cette race de Mont-Tonnerre est cependant très-bonne, surtout pour l'engraissement.

Il y a cependant à faire un reproche aux bœufs du Mont-Tonnerre sous le rapport de leur conformation. Chez beaucoup d'entre eux on remarque une dépression derrière le garrot et les épaules. On dit alors que la bête est *sanglée,* et ce seul mot définit énergiquement un défaut qui n'est pas sans importance; car le bœuf ainsi conformé manque, lors même qu'il est gras, d'une quantité assez considérable de viande de première qualité. Dans la bête parfaitement construite, il y a au contraire derrière le garrot comme deux coussins de chair et de graisse.

Race de Birkenfeld. — On entend quelquefois nommer la race de Birkenfeld, mais par erreur. On engraisse dans les environs de Birkenfeld, et l'on vend aux foires de cet endroit, une grande quantité de bœufs, qui sont la plupart transportés en France; mais presque tous ces bœufs viennent du Glan. Les cultivateurs du Glan élèvent, et ceux de Birkenfeld engraissent.

Je crois devoir faire cette observation, parce que l'excellente qualité des bœufs de Birkenfeld est connue et appréciée en France.

Qualité supérieure des bœufs du Glan. — Les douanes, les cordons sanitaires ont fait un tort immense à la Bavière rhénane, en arrêtant l'exportation du bétail. Des bœufs gras de l'intérieur de la France ont été amenés aux marchés de Metz, et la différence de qualité a été si bien appréciée par les bouchers et les consommateurs, que les bœufs du Glan valent aujourd'hui au moins 5 fr. de plus par quintal.

Ainsi les habitans des départemens de l'Est ont à leur disposition une excellente race que je leur recommande avec pleine conviction, et qu'ils peuvent apprendre à connaître par les bœufs qui sont transportés en France, particulièrement à Metz et à Paris.

Principes de l'art d'améliorer et d'ennoblir les races.

C'est un grand avantage de commencer avec une race dont les qualités sont bien connues, et qui a pour elle l'ancienneté et la constance qui en est le résultat.

Si l'éloignement, les frais ou d'autres obstacles ne s'opposent à l'introduction de cette race, on ne doit pas craindre de dépayser les bêtes, c'est-à-dire on ne doit pas craindre qu'elles dégénèrent, transportées au loin. Le sol, le climat, les alimens ont une influence qui ne peut être révoquée en doute; il ne faut pas faire venir des vaches de la Suisse ni du Glan pour les entretenir misérablement; mais avec la nourriture à l'étable, base de toute bonne agriculture, on peut partout entretenir de belles et bonnes vaches, d'une taille proportionnée à la qualité plus ou moins riche du fourrage que l'on a à sa disposition.

Celui qui est mal partagé à cet égard fera prudemment d'acheter de jeunes bêtes, ou seulement la quantité de vaches nécessaires pour former une souche.

Quoique j'insiste sur les avantages d'une bonne race déjà établie, je conseille cependant à celui qui en a près de lui une passable, de s'en tenir à celle-là plutôt que d'aller au loin en chercher une autre. Souvent des bêtes possèdent de bonnes qualités, dont la misère, le défaut de soins et de nourriture ont seuls arrêté le développement.

C'est ici que trouvent leur application les principes de l'art d'améliorer une race.

Il y a deux manières d'améliorer une race de bêtes. La première consiste à choisir dans cette race les sujets les plus parfaits, pour les employer à la reproduction; de cette manière la race subsiste, elle est conservé *pure,* mais elle est *améliorée.* Les Allemands nomment *Reinzucht,* les Anglais *thoroughbreed,* cette méthode de multiplier une race sans aucun mélange de sang étranger. Les Français n'ont que le mot *pureté* du sang ou de la race, pour rendre cette idée. Ainsi l'on doit pouvoir dire, ce taureau est de *pur* sang suisse, ou ce cheval est de la race ardennaise dans toute sa *pureté,* tout comme on dit qu'un cheval est de *pur* sang arabe ou anglais. Ces locutions sont admises dans la langue allemande et l'anglaise.

Si l'on introduit dans une race du sang étranger d'animaux plus parfaits, alors la race est *ennoblie,* et ce mot reçu dans la langue allemande rend trop bien l'idée pour ne pas être aussi adopté en français.

Transmission des qualités et propriétés individuelles par la génération. — Le principe fondamental, qui est celui que professait Bakewell, c'est que les pères et mères transmettent à leurs productions leurs défauts et leurs qualités. On doit donc toujours choisir, pour en tirer race, les individus les plus parfaits, ceux qui possèdent au plus haut degré les qualités que l'on désire, et qui sont exempts des défauts que l'on voudrait faire disparaître.

Mais les qualités et les défauts ne se transmettent pas seulement immédiatement du père et de la mère, ils viennent souvent des ancêtres. Plus une race est ancienne et bien établie, plus ses défauts sont difficiles à déraciner; ils peuvent se reproduire après plusieurs générations qui en ont été exemptes.

Les Allemands ont aussi un mot pour rendre cet accident qui fait si souvent le désespoir des éleveurs ; ils disent d'une bête chez laquelle reparaissent des défauts dont le père et la mère étaient exempts, et qui existaient dans ses ascendans à des degrés plus ou moins éloignés, c'est un *Rückschlag,* littéralement un *coup en arrière ;* c'est un *pas rétrograde* qui nous éloigne du perfectionnement auquel nous tendons, et qui nous ramène à des défauts que nous travaillons à faire disparaître.

La couleur de la robe se transmet comme toutes les autres qualités physiques, et elle nous offre journellement des exemples de l'influence des ascendans ou de l'ancienneté d'une race.

Dans beaucoup d'endroits du pays de Deux-Ponts on a voulu changer la race suisse noir-pie, au moyen de taureaux du Glan; mais quoiqu'il n'existe plus que des bêtes de poil bai, il naît encore fréquemment des veaux noirs aux pieds.

Je connais un étalon bai-châtain qui porte une petite étoile et qui procrée des poulains pour la plupart alezan, avec une étoile prolongée.

Si l'on accouple ensemble deux individus de race différente, ce sera le caractère de celui dont la race est la plus ancienne qui dominera dans leurs productions.

C'est pour cela que la *constance,* résultat de l'ancienneté, est une des qualités les plus précieuses dans une bonne race.

Quelques personnes attachent de l'importance à la couleur de la robe, mais souvent leur opinion ne s'est formée que parce qu'elles ont trouvé de bonnes vaches de tel poil ou de tel autre.

Le poil alezan ou bai de diverses nuances est le plus commun.

Les bêtes du Glan sont généralement bai clair ; celles du Mont-Tonnerre sont isabelle. La Suisse a d'excellentes bêtes d'un bai vif; elle a aussi une race estimée, d'un brun foncé avec une raie fauve sur le dos.

Quoiqu'il puisse exister à cet égard des préjugés, il n'en est pas moins certain que la couleur du poil est un indice du tempérament. Ainsi la robe noire peut faire supposer une fibre dure, tandis qu'une robe claire annonce une fibre molle et une disposition à engraisser.

Nous voyons dans l'espèce humaine les cheveux noirs être ordinairement l'indice d'un tempérament bilieux, les cheveux châtains d'un tempérament sanguin, les blonds d'un tempérament lymphatique.

Les chevaux blancs, soupe-au-lait, isabelle clair, alezan lavé, sont ordinairement mous; on estime le cœur des bais-bruns ; parmi les alezans vifs et foncés, on trouve beaucoup de chevaux châtouilleux, qui mordent et qui frappent.

On croit la chair des volailles blanches plus délicate que celle des brunes ou noires.

Les Anglais pensent que c'est seulement à la huitième génération que les caractères d'une race peuvent être solidement établis.

Les qualités morales se transmettent comme les qualités physiques. Les chiens nous en fournissent des preuves frappantes.

Les mâles ressemblent ordinairement plus à leur mère, et les femelles plus à leur père.

On croit que le mâle a plus d'influence sur les parties antérieures, et la femelle sur les parties postérieures et les extrémités ;

Que le père transmet plutôt les formes et tout ce qui a rapport à la vie extérieure, et la mère tout ce qui tient à la vie intérieure ou à la nutrition ;

Que le père influe plus sur les formes, et la mère sur la taille des productions ;

Que l'influence de la mère l'emporte pour ce qui concerne la faculté d'apprendre, les talens et le tempérament.

Il est très-douteux qu'un étalon méchant engendre des poulains méchans comme lui ; mais une jument qui mord et frappe transmettra certainement ce vice à ses poulains.

On sait que c'est par les jumens que les Arabes tiennent la généalogie de leurs chevaux.

Enfin, les éleveurs prétendent avoir observé que le premier mâle qui féconde une femelle, étend son influence sur toutes les productions subséquentes de cette femelle *avec d'autres mâles*. Cette doctrine, si elle était prouvée, serait d'une bien grande importance. Voici des faits que l'on cite à l'appui.

Une jument saillie par un âne, et qui produit un mulet, accouplée ensuite avec un cheval, donnera un poulain qui aura des traits de ressemblance avec l'âne.

Une jument anglaise fut couverte en 1815 par un couagga, âne tigré d'Afrique, et mit au monde un mulet tigré comme son père. En 1817, 1818 et 1823 elle fut saillie par trois étalons arabes, et produisit trois poulains bais, tigrés tous trois, même plus que le premier mulet du couagga.

Si une brebis blanche a été accouplée avec un bélier noir, quoique saillie ensuite par des béliers blancs, elle met pourtant fréquemment au monde des agneaux tachés de noir.

Une truie fut fécondée par un sanglier. Après la mort de celui-ci elle fut couverte par des mâles de la race domestique, et parmi les petits de la deuxième et de la troisième portée, il y en avait plusieurs marqués de taches de la couleur brune du sanglier.

Dans l'accouplement des animaux, il faut éviter avec soin une erreur dans laquelle on est trop souvent tombé, c'est de vouloir améliorer une petite race par de grands mâles. On manque en cela complètement le but. Il est bien évident que le germe d'un énorme taureau suisse, par exemple, déposé dans le sein d'une petite vache, n'y trouvera pas l'espace nécessaire à son développement, et ne pourra donner qu'un être imparfait, mal conformé ou disproportionné. Les Anglais ont amélioré leurs chevaux de race par le petit étalon arabe, leurs chevaux de trait par de grandes jumens flamandes, leurs porcs par le petit verrat chinois.

Voici leur doctrine à cet égard, telle qu'elle est émise par H. Cline :

« La femelle doit être *relativement* plus grande que le mâle. (Cette doctrine a été souvent mal comprise. On ne demande pas que la femelle soit plus grande que le mâle, mais que sa taille soit supérieure à la taille ordinaire des femelles, comparée à celle des mâles. Sinclair.)

» Les formes extérieures ne sont qu'une indication de la structure intérieure.

» La faculté de convertir les alimens en nourriture est proportionnelle au volume des poumons ; un animal pourvu de forts poumons pourra convertir un poids donné d'alimens en une plus grande quantité de nourriture qu'un autre qui aura de petits poumons, et il sera par conséquent plus facile à engraisser.

» Les poumons sont de la première importance.

» La forme et la grandeur du thorax indiquent le volume des poumons. La forme du thorax doit approcher de celle d'un cône, ayant son sommet situé entre les épaules, et sa base vers les reins.

» La capacité du thorax dépend plus de sa forme que de son contour ; car, quoique le contour soit égal dans deux animaux, l'un pourra avoir de plus grands poumons que l'autre.

»Un cercle contient une surface plus grande qu'une ellipse de même circonférence, et l'ellipse en contient d'autant moins qu'elle s'éloigne plus de la figure du cercle. Un thorax élevé n'a donc une grande capacité qu'autant qu'il a une largeur proportionnée.

» La largeur des reins est toujours proportionnée à celle de la poitrine et du bassin. Le bassin, dans toutes les femelles, doit être assez large pour qu'elles puissent mettre bas avec facilité. »

Les individus destinés à la reproduction ne doivent être ni trop jeunes ni trop vieux ; ils doivent jouir d'une santé parfaite.

Si le mâle et la femelle sont de deux races différentes, elles ne doivent pas présenter entre elles de contraste ou d'opposition tranchée. Car, dans ce cas, il ne résulte pas une fusion des caractères des deux races, mais leurs productions présentent un mélange disparate, souvent informe, des caractères du père et de la mère.

On en a tous les jours la preuve dans les environs des haras, où l'on voit des chevaux provenant de jumens communes et d'étalons de race, et chez lesquels il existe un mélange tellement incohérent des traits du père et de la mère, qu'ils valent beaucoup moins que s'ils étaient de race tout-à-fait commune.

On a vu de même que des béliers superfins avec des brebis communes ont produit des bêtes dont la laine était un tel mélange de celle du père et de la mère, qu'un drapier ne pouvait ni l'assortir ni en faire une étoffe passable.

On doit, dit Sinclair, éviter les croisemens si l'on peut se procurer autrement une bonne race de bétail ; on trouve plus d'avantages permanens à améliorer une race déjà établie, qu'à créer une race nouvelle par les croisemens.

Influence de la nourriture, du régime, du sol, etc. — Le régime et les alimens doivent aussi être analogues à la destination des animaux.

Ainsi des animaux destinés au travail doivent, dès leur naissance, exercer leurs membres et être soumis jeunes à un travail proportionné à leurs forces ; au contraire, les animaux destinés à l'engraissement à l'étable ne doivent prendre que peu de mouvement.

Ainsi les chevaux de course doivent recevoir une nourriture substantielle sous un petit volume, tandis que des chevaux qui ne doivent aller qu'au pas, qui peuvent sans inconvénient être chargés de graisse, des chevaux de brasseur, par exemple, peuvent consommer des alimens plus abondans et moins nutritifs.

Les cultivateurs de l'Alsace nourrissent leurs chevaux de navets ; ceux de la Bavière rhénane de pommes-de-terre cuites.

Les vaches laitières doivent recevoir leur nourriture très-délayée ; plus elles boivent, plus la sécrétion du lait est abondante.

Au contraire, les animaux de race destinés à la boucherie doivent être nourris d'alimens substantiels, qui favorisent la production de la chair et de la graisse.

Par le régime auquel ils sont soumis, les individus prennent des caractères qui passent à leurs productions, et qui finissent par devenir caractères constitutifs de la race.

Dans les animaux destinés à la boucherie, on cherche à donner plus de volume aux parties du corps qui fournissent une viande de meilleure qualité, en diminuant le volume de celles qui ont moins de valeur. On choisit donc les animaux qui ont une petite tête, un cou mince, des jambes minces et courtes ; mais on atteint bien plus sûrement ce but, si, dès leur naissance, on donne aux animaux une nourriture substantielle et abondante. Alors le corps prend tout le développement désirable, tandis que les extrémités croissent proportionnellement moins.

Nous remarquons au contraire que de longs membres, une grosse tête, un corps court, sont toujours, dans un jeune animal, les indices et les suites d'un mauvais régime et d'une nourriture insuffisante.

Ceci s'explique facilement : tous les animaux naissent avec une grosse tête et de longs membres; si le corps ne prend pas le développement convenable, la disproportion subsiste; si, au contraire, le développement du corps est favorisé d'une manière extraordinaire, alors il s'établit une disproportion opposée, et les extrémités restent petites, comparativement au corps.

De là il résulte que les jeunes animaux peuvent contracter des défectuosités par suite d'une nourriture trop ou trop peu abondante.

Le sol, la nourriture, le régime, les travaux auxquels sont soumis les animaux, exercent sur leur conformation une influence incontestable.

L'exercice des sens ou de certaines facultés leur fait acquérir une plus grande perfection. Le caractère des animaux se modifie aussi par l'éducation, les bons ou mauvais traitemens.

Ces qualités physiques et morales se transmettent et deviennent qualités ou défauts inhérens à une race.

Dans le cheval de selle, le poids du cavalier abaisse les reins, donne à la croupe une direction horizontale, et tout le corps s'alonge dans des mouvemens prompts et faciles. Dans le cheval de trait, au contraire, la croupe s'abaisse par l'action du tirage, les extrémités se rapprochent, et l'animal se raccourcit dans des efforts lents et pénibles.

Les chevaux de montagne sont construits d'une toute autre manière que les chevaux de plaine; ils sont remarquables par la solidité de leurs pieds, tandis que ceux élevés dans des pâturages humides ont les pieds faibles et plats.

Les animaux qui vivent dans des pâturages médiocres, ceux qui travaillent beaucoup, ont plus d'agilité, plus de nerf, la fibre plus sèche; au contraire, les bêtes nourries à l'étable deviennent plus lourdes, plus lentes, perdent en vigueur ce qu'elles gagnent en disposition à engraisser.

Les animaux élevés en liberté, dans un état qui approche de l'état sauvage, comme la plupart des chevaux russes, ne connaissent l'homme que comme un ennemi, et on trouve généralement chez eux la disposition à mordre et à frapper. En Suisse, les vaches sont traitées avec la plus grande douceur, vivent dans l'abondance, soit qu'elles pâturent, soit qu'elles soient nourries à l'étable, et la race est remarquable par la douceur de caractère et la docilité. On attèle non-seulement les vaches, mais aussi les taureaux suisses. Dans d'autres pays où les vaches sont attelées, les races se font aussi remarquer par une docilité particulière.

L'éducation des animaux doit commencer avec leur vie. Ils doivent respecter leur maître; mais, habitués à ne recevoir de lui que de bons traitemens, ils doivent l'aimer.

Ainsi, pour atteindre à quelque perfection dans l'éducation du bétail, il faut une certaine disposition innée, il faut que l'éleveur aime ses bêtes, les observe, les étudie; qu'il sente leurs besoins et y pourvoie largement; qu'il les mette à l'abri de la brutalité des valets. On obtiendra ainsi des bêtes douces, dociles, amies de l'homme, et bien plus propres à toutes les destinations.

Croisemens et multiplication en dedans.—On peut améliorer une race en unissant des individus de deux races différentes, c'est-à-dire par croisement, ou en travaillant sur une seule race dans laquelle on choisit les individus qui conviennent le mieux au but qu'on a en vue.

Cette méthode de multiplication en dedans (*in and in*) a été, comme nous l'avons vu, celle de Bakewell. «Elle consiste à accoupler les animaux du degré de parenté le plus rapproché. « Ce système peut être avantageux, lorsqu'il n'est pas poussé trop loin; mais l'expérience a prouvé qu'on ne pouvait pas continuer de le suivre avec succès. Quoique les animaux conservent leurs formes et leur beauté, ils finissent par devenir nains et incapables de propager leur race. Il est donc préférable de poursuivre l'amélioration en employant des individus de la même race, mais de familles différentes. » (Sinclair.)

Je pourrais citer des familles de poules et de pigeons qui, par suite d'alliances intérieures long-temps prolongées, sont devenues presque improductives.

« Les tentatives d'amélioration par le croisement de deux races distinctes, dont l'une possède les qualités qu'on veut obtenir, ou est exempte des défauts qu'on veut corriger, exigent pour la réussite de ce plan un degré de jugement et de persévérance qu'on ne rencontre que très-rarement. » (Sinclair.)

On n'arrive à des résultats positifs que par une longue suite d'essais. Pour cela, comme pour presque toutes les branches de la science agricole, la vie d'un seul homme est ordinairement trop courte. C'est là surtout que l'esprit d'association offre des résultats avantageux. Une entreprise conduite avec ordre et méthode est transmise du père aux enfans, et finit par amener au but qu'un seul aurait pu difficilement atteindre.

Une race importée dégénère-t-elle ? — Une erreur généralement répandue, c'est de croire qu'une race importée est sujette à une dégénérescence, à laquelle on doit remédier en renouvelant, comme on dit, le sang au moyen de mâles pris dans la souche primitive. Les animaux peuvent prendre un caractère dépendant du sol, des alimens, d'un régime bien ou mal entendu ; l'influence du sol, du climat, du pâturage surtout peuvent être tels que le même poulain qui serait devenu cheval de selle près d'Alençon, devient carrossier dans la plaine de Caen ; mais hormis ces cas, faciles à apprécier, il n'existe pas de cause préexistante de dégénérescence. N'avons-nous pas vu les mérinos prospérer depuis les plaines de l'Estramadure jusqu'à Moscou, et les Saxons ne sont-ils pas parvenus à leur faire porter une laine plus fine qu'ils n'en ont jamais produit en Espagne? On élève de beaux et bons chevaux dans toutes les parties du monde, et si les Arabes possèdent les plus beaux et les meilleurs, ils en sont redevables à l'éducation, aux soins et surtout à l'attention extrême qu'ils mettent à conserver la pureté de leur race. Si l'on conservait à cet égard quelque doute, il suffirait d'observer qu'à côté de ces chevaux parfaits que produit l'Arabie, elle a aussi beaucoup de chevaux de sang mêlé, des chevaux médiocres et de mauvais chevaux. Les Anglais ont formé leur race de chevaux par l'étalon arabe ; mais aujourd'hui, au point de perfection où ils sont arrivés, ils se garderont bien de faire encore usage d'étalons de cette race. Ils sont parvenus à créer des chevaux plus grands, plus forts, plus propres au service auquel ils sont destinés ; revenir au cheval arabe, ce serait faire un pas rétrograde. Il faut cependant observer que cette perfection est relative, et que c'est un grand malheur que les Anglais n'aient jamais eu en vue que la vitesse, acquise souvent par le sacrifice d'autres qualités précieuses.

Deux grands exemples sont offerts aux éleveurs par l'Angleterre et la Saxe. Les Anglais possèdent les premiers chevaux de l'Europe, comme les Saxons possèdent les bêtes à laine les plus fines, parce que les uns et les autres, lorsqu'une fois ils ont eu de bonnes souches, ont eu la sagesse de les conserver *pures*, de les *améliorer par elles-mêmes*, en choisissant toujours pour la reproduction les animaux les plus parfaits, et en évitant avec le plus grand soin le mélange de tout sang étranger.

Les autres pays de l'Europe ont suivi une route différente ; ils ont *croisé* les races, et les résultats obtenus de part et d'autre sont des faits parlans.

Il n'est pas un homme qui ait fait autant de tort que Buffon à l'amélioration des races de bétail sur le continent européen. Il a soutenu le principe de la nécessité des croisemens ; il a prescrit d'allier les extrêmes, les animaux du Nord avec ceux du Midi, et cette doctrine propagée, admise partout à la faveur d'un nom illustre, a amené des maux incalculables. Ce fut à tel point que l'Espagne, qui possédait une excellente race de chevaux, d'origine orientale, importée par les Maures, faisait venir en 1764 des chevaux de la Normandie, du Danemark, etc., tandis que de précieuses jumens arabes, données par le dey d'Alger au roi d'Espagne, étaient employées à produire des mulets!

La France, Naples, l'Espagne, avaient pour les chevaux une immense supériorité sur l'Angleterre. Qu'on compare aujourd'hui ces pays entre eux, et qu'on juge lequel a suivi la bonne route!

J'ai déjà dit que le sol et la nourriture ont une influence incontestable. La Flandre et l'Ardenne possèdent deux races de chevaux très-bonnes l'une et l'autre, mais bien différentes. Les brebis flandrines périraient de faim dans les montagnes de l'Ardenne. Des poulains nés en Flandre et transportés dans les pâturages de la Normandie, en sortent et sont vendus comme chevaux normands. Il y a des endroits où tous les chevaux élevés deviennent aveugles. L'éleveur doit connaître toutes ces influences locales, et ce serait folie à lui de vouloir s'y soustraire; mais après avoir choisi l'espèce d'animaux qui lui convient le mieux sous les rapports du sol, de la nourriture, de l'usage auquel il les destine, il doit être bien convaincu qu'avec des soins judicieux et des alliances bien entendues, on peut conserver, on peut même perfectionner une race importée, sans avoir besoin de recourir à des mâles de la souche primitive.

Avantages de la nourriture à l'étable.

Entre tous les autres avantages que procure la nourriture à l'étable, elle offre une ressource précieuse pour l'importation d'une race étrangère de bêtes à cornes.

Avec les produits des prairies artificielles pendant l'été, et des racines pendant l'hiver, on supplée très-bien à la mauvaise qualité du foin.

Si quelques personnes croient encore que la pâture est nécessaire aux vaches, nous pouvons leur donner l'assurance que les vaches, même élevées dans les pâturages, s'habituent sans aucun inconvénient à la nourriture à l'étable, et que c'est en suivant cette dernière méthode que l'on a les plus belles vaches, celles qui sont exposées au plus petit nombre de maladies et d'accidens.

On croyait la pâture encore bien plus nécessaire aux moutons qu'aux vaches, et l'erreur, à cet égard, a été aussi reconnue. Dans les premières bergeries de la Saxe, les bêtes ne pâturent pas et sont nourries toute l'année au râtelier.

Le pâturage ne peut être avantageux que dans des montagnes telles que les Alpes, dans les pays où l'étendue des prairies est plus considérable que celle des terres cultivées; enfin, dans les pays peu peuplés où les débouchés manquent pour les produits de la culture des terres.

Le bétail est nourri à l'étable dans tous les pays où l'agriculture a atteint quelque perfection. Ces pays sont à la fois les plus peuplés et ceux qui nourrissent le plus de bétail. Le pâturage est impossible avec une population nombreuse, parce que cette population ne peut subsister qu'avec une agriculture perfectionnée.

Tous ces faits s'enchaînent, et plus une terre porte d'habitans, plus elle peut en nourrir.

Ainsi, toutes les raisons se réunissent pour faire adopter la nourriture à l'étable, et l'impérieuse nécessité finira par la faire adopter partout. Celui qui s'y refusera sera bientôt dans l'impossibilité de cultiver dans l'état actuel de progrès, et avec l'augmentation rapide de la population.

L'agriculture pastorale, celle des premiers hommes, celle d'une partie des habitans actuels de l'Asie et de l'Afrique, est incontestablement la plus naturelle; c'est, à mon avis, le genre de vie où les animaux peuvent atteindre le plus parfait développement de leurs facultés physiques et morales. Mais personne ne prétendra que, dans l'état actuel de notre société, la vie des patriarches soit encore praticable. Plus la civilisation fait de progrès, plus la population augmente, et plus nous nous éloignons de cette vie pastorale. La Suisse, avec ses Alpes et leurs pâturages aromatiques, est, sous ce rapport, une portion privilégiée de l'Europe, et je ne doute pas que les vaches et leurs produits n'y acquièrent des qualités particulières. De même, les peuplades nomades de l'Asie et de l'Afrique possèdent les premiers chevaux du monde, et ces chevaux doivent leurs précieuses qualités aux soins apportés dans le choix des individus destinés à la reproduction, et surtout au climat, à la nourriture et au genre de vie. Ainsi les chevaux arabes ne sont pas sujets à la gourme, maladie souvent si funeste chez nous. Les chevaux arabes sont petits, pleins de feu, de nerf; leurs descendans prennent en Europe de la taille; leur corps acquiert plus de volume; ils sont plus propres aux services que nous exigeons d'eux, mais ils perdent d'autres qualités qui ne sont pas compatibles avec leur nourriture, leur genre de vie, ni avec notre climat froid et humide.

Il est d'un homme sage de savoir se conformer à sa position; notre intérêt nous commande de tenir nos bestiaux le plus possible à l'étable, et les faits prouvent que nous le pouvons sans inconvénient. En Suisse même, beaucoup de vaches ne pâturent pas du tout. En Angleterre, les chevaux les plus précieux sont élevés à l'écurie; on les lâche seulement chaque jour quelques heures dans une enceinte où ils peuvent prendre de l'exercice.

Une très-bonne méthode consiste à avoir dans la cour de ferme un espace fermé où est l'abreuvoir, et où l'on peut laisser les jeunes animaux en liberté pendant une partie du jour. Ils exercent là leurs membres; ils sont sous une surveillance immédiate, et il n'y a ni terrain ni engrais perdu.

On trouvera à cet égard des vues neuves et des faits intéressans dans une brochure intitulée : *De l'élève des chevaux en Angleterre,* par Knobelsdorff; j'ai traduit de l'allemand cette brochure, et elle a été publiée dans le *Journal des Haras,* 1834.

Connaissance de l'âge des bêtes à cornes.

Par les dents.—On connaît l'âge des bêtes à cornes à leurs dents, mais avec beaucoup moins de certitude qu'on ne peut déterminer celui des chevaux.

Le bœuf a en tout 32 dents : 24 mâchelières, et 8 incisives à la mâchoire inférieure : la mâchoire supérieure en est dépourvue; à leur place est un bourrelet formé d'une peau dure et épaisse. Le bœuf n'a pas de crochets comme le cheval.

Les dents incisives n'ont pas non plus de longues racines comme celles du cheval; elles sont même peu solides.

On les distingue en pinces, premières mitoyennes, secondes mitoyennes et coins.

Les dents de lait incisives sont très-petites; les secondes dents sont beaucoup plus larges et faciles à reconnaître.

Elles sont tranchantes; elles n'ont pas la fève des dents du cheval; ainsi le bœuf ne *marque* pas comme le cheval.

Rozier, et d'autres qui ont écrit depuis et qui l'ont copié, disent que les deux premières dents de lait, les pinces, tombent à 10 mois. Boutrolles dit qu'elles tombent à 2 ans, et Boutrolles a raison, bien que cette époque de la première dentition ne soit nullement régulière. Quelquefois elle a lieu à 16 mois, mais ordinairement de 18 mois à 2 ans. La chute des autres dents doit suivre d'année en année, mais elle a lieu assez irrégulièrement, et très-souvent toutes les 8 dents d'adulte sont là dès 4 ans. Elles sont alors blanches, tranchantes; elles s'usent et jaunissent à mesure que l'animal vieillit.

Par les cornes.—Les cornes fournissent ensuite des indices de l'âge par leur longueur, et un cercle qui se forme chaque année à leur base.

Je lis dans un ouvrage intitulé : *Manuel du bouvier;* par J. Robinet, artiste vétérinaire, Paris, 1826, t. 1er, p. 25 : « Les cornes tombent dans quelques su-

jets à trois ans; elles sont remplacées par d'autres cornes qui, comme les secondes dents, ne tombent plus. A quatre ans, il pousse aux animaux à qui
elles ont tombé, deux petites cornes pointues, unies, et terminées vers la tête
par une espèce de bourrelet. »

On ne sait si l'on doit réfuter de telles erreurs; cependant, l'ouvrage en est
à une deuxième édition; il est cité dans d'autres ouvrages; l'auteur s'appuie sur
des noms recommandables, et bien des cultivateurs, voyant que les cornes de
leurs jeunes bêtes ne tombent pas, ne pourront-ils pas croire, sur la foi de
M. Robinet, que la race de leur canton fait une exception à la règle générale?

Les cerfs, les chevreuils, perdent chaque année leurs bois; mais ces bois
sont compactes: leur substance est entièrement de la corne, et ils se détachent
net de la tête à leur base, sans qu'il en résulte de plaie. Au contraire, dans les
moutons et les bœufs, les cornes sont des prolongemens osseux du crâne, re-
couverts d'une enveloppe de corne, pleine à la pointe, creuse ensuite, et qui va
toujours en s'amincissant jusqu'à sa base. C'est absolument la même conformation que celle du sabot, qui renferme l'os du pied dans la boîte de corne.
Les cornes des bœufs ne peuvent pas plus tomber que leurs sabots, et si une
corne est rompue par accident, elle se détache à sa base par déchirement;
mais l'os mis à découvert reste, soit entier, soit fracturé plus ou moins près du
crâne, et la corne ne repousse pas. Si, avec une tenaille, on arrache à un bou-
villon les cornichons, lorsqu'ils n'ont qu'environ un pouce de longueur, alors
ils repoussent, mais n'atteignent pas le développement auquel ils auraient
dû parvenir. On dit ce procédé en usage dans le Tyrol, où l'on regarde de petites cornes comme une beauté. Je n'en ai pas fait l'expérience.

Durée de la vie.

La durée de la vie des bêtes à cornes est difficile à fixer, parce que bien rarement on les laisse vieillir. Les bœufs grandissent jusqu'à l'âge de 5 à 6 ans,
et il est probable qu'ils vivraient au moins aussi long-temps que les chevaux.
Entre autres vieilles vaches, j'en ai connu une qui avait à peu près 20 ans et
qui était encore bonne.

A quel âge les bêtes peuvent-elles engendrer?

Les bêtes, mâles et femelles, sont propres à engendrer long-temps avant
d'avoir atteint leur accroissement. A quel âge doit-on les laisser satisfaire au
vœu de la nature?

Pour les taureaux, beaucoup de raisons engagent à les faire servir jeunes.
En vieillissant, ils deviennent lourds, ce qui occasione souvent des accidens
avec les vaches, qui sont comme écrasées sous le poids du taureau; souvent
aussi ils deviennent méchans et dangereux. On a reconnu que, loin d'être inférieures, les productions des jeunes taureaux sont généralement plus belles;
enfin, par économie, on est disposé à nourrir le plus petit nombre de taureaux possible, et ce serait une dépense et une grande gêne de garder les
taureaux, comme quelques auteurs le conseillent, pour ne les employer qu'à
l'âge de 4 à 5 ans.

Dans les pays où l'éducation des bêtes à cornes est le mieux entendue, les
taureaux commencent à servir vers l'âge de 18 mois, et à 4 ou 5 ans, souvent
même plus tôt, ils sont réformés et livrés à la boucherie.

Lorsque les vaches sont nourries à l'étable, la monte a lieu à toutes les
époques de l'année. Chaque vache n'est saillie qu'une fois, et un taureau suffit
facilement au service de 100 vaches, tandis qu'il ne pourra en servir que 30 à
40 si la monte a lieu à une seule époque.

A quel âge doit-on laisser saillir les génisses?

On a aussi conseillé de ne pas laisser saillir les génisses avant l'âge de 3
ans. Tout ce que l'on peut y gagner, c'est que la bête acquière un peu plus de

taille ; mais, pour obtenir cet avantage, si c'en est un, on nourrit une bête pendant 4 ans sans qu'elle rapporte absolument rien, et si on laisse passer plusieurs fois la chaleur d'une génisse sans la satisfaire, il arrive souvent qu'ensuite elle ne conçoit plus. On prétend même avoir remarqué que les vaches qui portent jeunes deviennent meilleures laitières.

Je crois que, de 18 mois à 2 ans, on ne doit pas craindre de laisser saillir les génisses, et que si elles sont d'ailleurs bien nourries, leur taille n'y perdra que peu, ou même pas du tout (1).

Chaleur, conception, gestation.

La chaleur des vaches est facile à reconnaître lorsqu'elles sont plusieurs ensemble ; mais elle ne dure que peu d'heures, et il ne faut pas la laisser passer. La vache en chaleur est agitée, elle mugit et saute sur les autres.

Lorsqu'une vache ne conçoit pas, la chaleur reparaît ordinairement au bout de 3 semaines. Les vaches deviennent en chaleur dans toutes les saisons de l'année.

Dans les pays de pâturages, où la fabrication du fromage ou du beurre est un objet de commerce, on trouve de l'avantage à avoir les vaches fraîches au printemps, à l'époque où commence la pâture, et l'on règle en conséquence la monte. L'hiver, ces vaches ne donnent point de lait, et sont très-économiquement nourries. Mais si les vaches sont destinées à fournir aux besoins d'un ménage, ou doivent donner du lait ou du beurre qui sont vendus dans une ville, il convient au contraire qu'il naisse des veaux à toutes les époques. Nourries abondamment, tenues chaudement en hiver dans de bonnes écuries, ces vaches s'aperçoivent à peine de la différence des saisons.

La vache qui a conçu donne encore quelquefois des signes de chaleur, mais alors elle ne reçoit ordinairement plus le taureau.

Il peut arriver, heureusement ces cas sont rares, qu'une vache qui n'est pas pleine ne redevienne en chaleur qu'à l'époque où elle aurait dû mettre bas. Aussi est-il toujours bon d'acquérir la certitude qu'une vache porte. Déjà à 5 mois, en appuyant avec la main fermée sur le flanc droit, on peut sentir le veau. Il est très-utile, je pourrais dire qu'il est indispensable à un éleveur, de savoir s'assurer si une vache est pleine. Mais c'est une chose qui, comme le maniement des bêtes grasses, ne peut s'apprendre que par la pratique.

La vache étant pleine, elle n'exige d'autres soins que celui d'éloigner toutes les causes qui pourraient déterminer l'avortement.

On trouve des personnes qui croient que le sexe peut être prévu, et qu'il existe à cet égard certaines règles ; mais ces idées doivent être rangées avec les autres nombreux préjugés des habitans de la campagne. S'il peut exister à cet égard quelques probabilités, c'est que si la gestation se prolonge au-delà du terme, ou si, dans les derniers temps de la gestation, la vache rend par la vulve des glaires, le veau sera de sexe mâle. On a remarqué encore que les très-bonnes vaches font beaucoup plus de veaux mâles que de femelles.

(1) C'est une opinion généralement admise, que si une vache fait deux veaux jumeaux, l'un mâle et l'autre femelle, la génisse jumelle est stérile. J'avais cru que c'était un préjugé, comme il en existe tant chez les paysans ; mais voici deux faits qui viennent à l'appui de la croyance générale.

Un de mes amis avait élevé une génisse jumelle. Après qu'elle eut été nombre de fois menée au taureau, sans retenir, on la vendit à un boucher du lieu, qui avait annoncé qu'elle ne porterait jamais, et qui, après l'avoir tuée, en apporta la matrice ; elle était tellement petite qu'il était impossible qu'elle contînt un veau.

J'avais moi-même élevé une génisse jumelle ; ses formes ne me plaisant pas, je la vendis au boucher qui me fournit la viande, avec la demande expresse de me faire savoir si elle portait. Aujourd'hui (16 février 1833) ce boucher m'a envoyé la matrice de cette génisse, et elle est si petite, qu'il n'était pas possible que la bête portât. Cette matrice contiendrait tout au plus un œuf de poule. La génisse était âgée de 27 mois, pesant, non tout-à-fait grasse, 360 livres ; elle avait été deux fois saillie.

On compte que la durée de la gestation est de 9 mois, mais elle se prolonge presque toujours au-delà, et elle est ordinairement de 42 semaines.

Si les vaches donnent encore du lait, on doit chercher à les faire tarir environ 6 semaines avant le terme. Il y a cependant quelques vaches, mais en bien petit nombre, qui donnent du lait jusqu'à ce qu'elles mettent bas, et qu'on ne pourrait sans danger cesser complètement de traire. Quelquefois, le pis se remplit de lait plusieurs jours avant que la vache mette bas ; on doit alors la traire : le séjour prolongé du lait dans le pis pourrait déterminer une maladie inflammatoire, ou du moins y contribuer.

Vers la fin de la gestation, lorsqu'elles ne donnent plus que peu ou point de lait, elles peuvent être moins bien nourries. Cependant une bonne nourriture avant le part influe sensiblement sur la quantité de lait que donnera une vache après avoir mis bas.

Du part.

Le part s'annonce d'abord par le gonflement du pis qui se remplit de lait ; par le gonflement de la vulve ; enfin, par la dislocation des os du bassin, qui détermine de chaque côté de la queue un creux fort prononcé. Ordinairement les douleurs qu'éprouve la vache, et une sorte d'inquiétude qu'elle témoigne, annoncent suffisamment qu'elle va mettre bas. Cependant il arrive que des vaches mettent bas au moment où l'on s'y attend le moins, et il est bon de les veiller lorsque le terme approche.

Je suppose que tout éleveur soigneux tient un registre où toutes ses bêtes sont inscrites par numéros avec leur signalement, indication de leur origine, dates de la saillie, du vélage, et qu'il sait ainsi à quelle époque chaque vache doit mettre bas.

Dans les bêtes de race perfectionnées, qui ont les os minces, la tête petite, le bassin large, le part doit être beaucoup plus facile. Un des inconvéniens que l'on a éprouvés quand on a voulu améliorer des races communes par de grands taureaux suisses, c'est que les veaux avaient d'énormes têtes, qui rendaient les accouchemens pénibles et dangereux.

Le veau arrivant au monde bien placé, présente d'abord les pieds de devant, puis le museau. On peut aider à la vache en tirant le veau par les pieds ; mais on ne doit le faire qu'en même temps que la vache travaille ; on ne doit pas se presser ; on doit plutôt laisser agir la nature.

Quelquefois le veau se présente mal, et de manière que l'accouchement est impossible si la vache n'est secourue. Pour cela, il faut une science et une adresse qu'on ne trouve guère que dans un homme de l'art.

Un vétérinaire instruit tourne un veau qui se présente mal et le place convenablement. Il peut même découper et extraire par morceaux, sans blesser la mère, un veau dont la sortie serait autrement impossible, tandis que bien des vaches périssent entre les mains de paysans ignorans, qui ne connaissent que l'emploi de la force brutale.

Délivre.

Peu d'heures après qu'elle a mis bas, la vache se débarrasse ordinairement sans secours, du délivre. Si cela n'a pas lieu, on doit le lui ôter ; mais, pour cela aussi, une main exercée est nécessaire.

Les soins à donner à la vache qui vient de mettre bas se bornent à la préserver des refroidissemens et surtout des indigestions, cause la plus ordinaire d'accidens. On doit, au moins pendant les 8 premiers jours, ne la nourrir que de bon foin, en petite quantité, et lui donner pour boisson de l'eau tiède, dans laquelle on délaie un peu de farine. Si les vaches sont en bon état et habituellement bien nourries, il est prudent de les mettre déjà à ce régime d'une nourriture légère et rafraîchissante, huit jours avant qu'elles mettent bas.

On lui donne à boire une demi-heure après qu'elle a mis bas, ensuite 3 fois par jour, et autant qu'elle veut boire.

Pendant au moins trois semaines, on doit la nourrir avec ménagement, mais ne jamais craindre de lui donner à discrétion une boisson légère et rafraîchissante.

Quatre ou cinq jours après qu'elle a mis bas, si le temps est beau, la vache peut être conduite vers le milieu du jour à l'abreuvoir, et y boire de l'eau à discrétion.

Avec ce régime, on préviendra les inflammations.

Quant aux breuvages de toute espèce que quelques personnes donnent aux vaches, ils sont au moins inutiles, quelques-uns nuisibles.

Des soins bien entendus et de tous les jours, un bon régime, une bonne nourriture, voilà tout le secret pour maintenir en santé les vaches comme tous les autres animaux (1).

Les bonnes laitières sont exposées à avoir le pis enflé, rouge et douloureux au moment où elles mettent bas. Ce mal n'est pas dangereux. On doit préserver la bête du froid et des courans d'air, lui frotter légèrement le pis avec **son** propre lait ou avec un peu de saindoux ; dans le cas de forte enflure, qui s'étendait sous le ventre, j'ai employé avec succès des fumigations de fleur de sureau. On étend sur la vache un drap qui arrête la fumée, et on brûle les fleurs de sureau sur un petit réchaud que l'on promène sous la bête.

Education des veaux.

Il y a plusieurs manières d'élever les veaux. On peut les laisser téter, ou les faire boire au baquet.

Si l'on veut laisser téter un veau, dès qu'il est né on le met devant sa mère qui le lèche, et au bout de 2 heures environ il peut déjà se tenir sur ses jambes et téter.

Si on veut le faire boire au baquet, on peut ou permettre à sa mère de le lécher et le laisser près d'elle, ou l'éloigner immédiatement sans même qu'elle le voie. On l'essuie alors, on le sèche, on le couvre même s'il est nécessaire en hiver.

On a quelquefois beaucoup de peine à faire boire au baquet les veaux qui ont tété, et par cette raison des éleveurs préfèrent ne pas les laisser téter du tout.

Les veaux qu'on laisse près de leur mère sont exposés à divers accidens ; quelquefois en les léchant, la vache leur arrache le cordon ombilical ; d'autres fois leur mère ou la vache voisine marche dessus. On évite tout cela en les séparant tout de suite, ce qui n'entraîne pas pour le veau le moindre inconvénient.

Mais d'un autre côté il peut convenir de laisser téter les veaux, parce que la succion, favorisant l'extension des vaisseaux lactés, attire le lait et doit ainsi réellement en augmenter la production, tandis que la vache que l'on trait retient souvent son lait, ce qui peut lui porter un sensible préjudice.

On peut, après que le veau a été léché par sa mère, et a tété une première fois, le placer dans une autre partie de l'écurie, d'où on l'amène à sa mère 2 ou 3 fois par jour pour le laisser téter.

Chacun adoptera la méthode qui lui paraîtra la meilleure, ou dont il pourra le mieux faire disparaître les inconvéniens.

Il y a des vaches chez lesquelles l'amour maternel se prononce avec une telle véhémence qu'on ne peut sans danger leur ôter leurs veaux.

Si on laisse le veau près de sa mère, on empêche celle-ci de lui lécher le nombril en le barbouillant de bouse de vache.

Quelque méthode que l'on adopte, on doit se garder de jeter le premier

(1) Quelques auteurs prescrivent des rôties au vin aux vaches qui viennent de mettre bas ; on voit quelquefois de malheureuses vaches qui, affaiblies par le jeûne de tout un hiver, ont à peine au printemps la force de se tenir sur leurs jambes ; à celles-là des toniques peuvent être nécessaires, tandis qu'ils seront nuisibles et dangereux à une bête bien nourrie et en bon état.

lait. C'est dans toutes les femelles l'aliment le plus convenable au nouveau-né, que la nature a préparé exprès pour lui, et qui a la propriété de faire évacuer le méconium.

On fait boire le veau au baquet en ne lui donnant que peu de lait à la fois, dans un baquet de très-petites dimensions, de manière que le lait n'ait pas le temps d'y refroidir, et que le veau puisse toucher au fond avec ses lèvres. On l'aide en lui mettant le doigt dans la bouche.

Il y a des veaux qui dès la première fois boivent seuls et sans le secours du doigt; avec d'autres il faut beaucoup de patience.

Pendant les 10 premiers jours, on laisse au veau tout le lait de sa mère, et on le fait boire ou téter 3 fois par jour. Mais une bonne laitière a plus de lait qu'il n'en faut à son veau, et après qu'il a tété, on doit encore chaque fois la traire à fond.

Quelle que soit la destination du veau, de quelque manière qu'on l'élève, on ne doit le séparer de sa mère qu'avec précaution; un homme l'emporte, tandis qu'un autre se place devant elle, ou bien on ôte le veau lorsque la vache est hors de l'écurie, si le temps le permet. Ne pas agir ainsi, ne pas épargner à la mère la vue des bouchers et de leurs chiens, c'est d'abord commettre une cruauté, mais c'est aussi exposer la vache.

J'ai vu une chute de matrice résulter de l'extrême agitation qu'avait éprouvée une vache en se voyant enlever son veau.

A l'article *Engraissement* nous parlerons de l'engraissement des veaux.

L'éducation de ceux qu'on veut conserver est une chose fort simple, mais à laquelle pourtant bien des gens ne réussissent pas.

Dans beaucoup d'endroits, le soin des vaches est confié à des servantes, et, règle générale, les jeunes filles ne valent rien pour soigner les bêtes. Elles pensent le plus souvent à toute autre chose qu'aux animaux confiés à leurs soins; si par extraordinaire on en rencontre une bonne, on ne la conserve cependant pas long-temps, et leur présence habituelle dans les écuries amène une foule de désordres.

Traire les vaches est une chose qui paraît être fort simple, mais qui est cependant importante.

Si une vache n'est pas traite à fond, on perd le lait qui reste dans le pis, on travaille à détruire la disposition à la sécrétion du lait, et le lait laissé est réabsorbé par les vaisseaux qu'il obstrue. Une bonne vache peut ainsi être gâtée pour toujours.

N'eût-on que 6 vaches, on devrait les faire soigner et nourrir par un homme auquel on peut donner d'autre ouvrage pour remplir sa journée. Pour qu'elles soient bien soignées, on ne doit pas donner plus de 12 vaches à un marcaire.

Chez moi, le marcaire soigne et nourrit les vaches et les bœufs en graisse. Pendant l'hiver, je lui donne un aide matin et soir. Il faut en même temps enlever le fumier ou faire les litières, fourrager, traire, étriller les bêtes, puis de 9 à 3 heures il n'y a plus rien à faire dans les écuries. Elles sont alors fermées, les animaux restent tranquilles, et le marcaire ou coupe au hache-paille le fourrage dont il a besoin, ou aide à la distillerie.

En été, il a le soin de faucher le trèfle vert, et de le rentrer avec une paire de bœufs qui n'ont autre chose à faire, et qui engraissent en faisant ce service.

La manière dont les vaches sont soignées et traitées a plus d'influence sur elles que bien des personnes ne pourraient le croire. La meilleure vache, passant d'une *bonne* dans une *mauvaise* écurie, peut être promptement gâtée.

L'ordre et la régularité, si utiles partout, sont tout le secret de la réussite dans l'éducation des veaux. On doit leur donner assez, jamais trop, à des heures réglées, et leur nourriture convenablement préparée doit aussi avoir la température convenable. On élèvera ainsi à peu de frais de beaux veaux et dans toutes les saisons.

Je leur laisse pendant 10 jours le lait de leur mère, qu'ils boivent ou tètent 3 fois par jour.

Ce temps écoulé, le lait est écrémé, c'est-à-dire qu'on donne au veau du lait qui a été trait 12 heures auparavant, et dont on a enlevé la crème, mais qui est encore tout-à-fait doux.

On le fait tiédir, et la ration ordinaire est d'environ 5 litres le matin, et autant le soir. Plus rien à midi, à moins que les œufs ne soient abondans, alors on lui en fait avaler deux. On fait avaler les œufs avec la coquille; on fracture légèrement l'œuf, on le met dans la bouche du veau, et on achève de le briser en l'enfonçant dans le gosier. On regarde la substance calcaire de la coquille, comme utile à la digestion.

Le veau est ainsi nourri de lait écrémé, pur, pendant quelques jours. Dès qu'on s'aperçoit que cette nourriture n'est plus assez substantielle, on y ajoute un peu de farine d'orge ou de tourteaux de lin en poudre. Je crois les tourteaux meilleurs, en même temps qu'ils sont moins chers.

On commence par une cuillerée, ou les fait cuire avec de l'eau, et cette espèce de bouillie, versée bouillante dans le lait, lui donne la température convenable. A mesure que le veau grandit, on augmente la quantité de tourteaux, et on le nourrit ainsi pendant environ un mois.

On commence alors à mêler à sa boisson un peu de lait caillé, et l'on en augmente successivement la quantité, de manière à la substituer tout-à-fait au lait écrémé. Le mélange de tourteaux a toujours lieu de la même manière, et l'on continue ainsi, jusqu'à ce que, si les besoins du ménage le permettent, le veau ait atteint l'âge de six mois. Pendant ce temps il a commencé à manger. On lui donne un peu de bon regain en hiver, du vert en été, et si l'avoine n'est pas trop chère, chaque jour une jointée d'avoine égrugée et humectée.

Le veau est alors élevé, mais on continue la boisson avec les pains d'huile en poudre ou avec l'avoine égrugée, que chez moi on mélange avec des résidus de la distillerie.

Il est très-important que le sevrage ait lieu insensiblement, et que le veau ne dépérisse pas lorsqu'il est privé de lait.

Quelques éleveurs, pour assurer la belle venue d'un veau, le laissent téter très-long-temps. Le veau grandit rapidement, engraisse; mais ordinairement, lorsqu'enfin on le prive du lait, il dépérit sensiblement, et très-souvent ce sont les veaux élevés ainsi qui en définitive réussissent le moins bien.

En Flandre on ne donne de lait doux qu'aux veaux destinés à la boucherie; ceux qui doivent être élevés sont, dès le premier jour, nourris de lait de beurre (1).

Le pain cuit mêlé au lait est aussi une fort bonne nourriture, mais plus chère que les pains d'huile; le son ne vaut rien du tout, il ne nourrit pas, et rend les jeunes animaux pansus.

Le marcaire, après avoir trait les vaches, apporte le lait dans la maison, et là, sous l'inspection de la ménagère, la soupe des veaux est préparée, de sorte qu'il existe toujours un contrôle, qui est une garantie de l'exactitude du service.

Les veaux nourris ainsi sont exposés à bien peu d'accidens. S'il leur survient une *indigestion*, elle se manifeste par dévoiement, ou constipation avec gonflement. Le remède au dévoiement est un verre de vin coupé de moitié d'eau, que l'on fait avaler, froid, une demi-heure avant le repas. La constipation avec gonflement provient quelquefois de l'usage de la farine donnée en trop grande quantité, plus souvent d'alimens secs, foin ou regain, qui séjournent dans l'estomac. On la guérit avec des lavemens émolliens, la diète, le

---

(1) Il est à observer qu'en Flandre on ne bat pas seulement la crême, mais qu'on jette tout à la fois dans la baratte la totalité du lait caillé avec la crême.

lait pur pour nourriture. Si la constipation persiste, on peut recourir au sel de Glauber (1).

Les jeunes animaux les mieux tenus ont quelquefois des poux. Dès qu'on en aperçoit, on les fait périr par des frictions d'huile ou d'eau de savon. L'onguent mercuriel, l'huile de pétrole, la décoction de tabac, la lessive, sont autant de moyens non-seulement inutiles, mais dangereux pour les jeunes animaux.

Les veaux doivent être tenus proprement et journellement pansés, mais seulement avec la brosse. Leur peau est encore trop délicate pour permettre l'usage de l'étrille.

Des étables.

Avant de nous occuper de la nourriture des vaches, il convient de parler de leur logement.

Pour qu'une étable soit bonne, il ne faut pas, comme disent certains auteurs, qu'elle soit sur un terrain élevé, exposée à l'est, etc. : mais il faut qu'elle ne soit pas humide, que les animaux y aient suffisamment d'espace, que l'air s'y renouvelle, et qu'on puisse en été y établir un courant d'air, qu'en hiver elle soit chaude. Le froid fait souffrir les bêtes à cornes comme tous les autres animaux, comme les hommes. Notre santé ne souffre certainement pas du feu que nous faisons en hiver dans nos appartemens ; les chevaux ne deviennent pas malades pour être tenus dans des écuries chaudes, et couverts de couvertures de laine; pourquoi voudrait-on que la température des étables fût en hiver celle de l'air extérieur?

J'insiste sur ce point, parce que dans tous les ouvrages français que j'ai lus, et qui parlent de bêtes à cornes, on signale comme pernicieux l'usage des paysans de tenir en hiver leurs étables chaudes.

Sans doute il peut aussi de ce côté y avoir abus ; mais si la température de l'étable descend au-dessous de zéro, les bêtes souffriront du froid; il sera facile de s'en apercevoir et de se convaincre que les bœufs engraisseront moins bien et que les vaches donneront moins de lait.

Si l'écurie est basse et remplie de bêtes, des cheminées en planches qui partent du plafond et s'élèvent jusqu'au-dessus du toit, sont très-utiles pour le renouvellement de l'air. Les vapeurs se condensent dans ces cheminées et retombent en goutte d'eau ; il faut avoir la précaution de les placer de manière que les bêtes n'en puissent être incommodées.

Il semble ridicule de dire qu'une étable doit être garnie de mangeoires et de râteliers; mais il y a encore des endroits où les vaches mangent le fourrage par terre et boivent au baquet; il y en a d'autres où elles mangent par terre la paille qu'on veut bien leur accorder, et ne boivent qu'à la fontaine.

On a recommandé les étables flamandes. Elles sont très-favorables pour faire beaucoup d'excellent fumier, mais ce résultat peut être atteint par d'autres moyens, et ces étables ont l'inconvénient d'exiger une étendue de bâtiment double (2). Quant au fumier amoncelé dans l'étable, il est bien prouvé par l'expérience que son séjour n'y est aucunement nuisible à la santé des bêtes. Ce fumier d'ailleurs ne fermente pas, il est trop humide et trop tassé pour pouvoir fermenter. Cette masse eût-elle 10 pieds d'épaisseur, que privée du contact de l'air, elle ne produit pas plus d'effet que si elle n'avait que 6 pouces d'épaisseur. Nous avons encore la preuve de ce fait dans les bergeries, où le fumier s'accumule pendant une année entière. Quoique très-chaud,

(1) On lit dans *l'Agronome*, cahier de mars 1833, article *Engraissement des veaux en Angleterre, comté de Lanark :* En cas de satiété, on les met à la diète un jour ou deux, et on leur fait prendre une légère eau de gruau ; s'ils sont constipés, on y remédie par une petite quantité de bouillon de mouton ; enfin, s'ils sont dévoyés, une cuillerée de présure suffit pour les guérir.

(2) *Voyez* le plan d'une étable flamande à la page suivante.

ce fumier, fortement pressé, ne donne aucune odeur, et c'est seulement lorsqu'il est remué, que l'ammoniaque s'en dégage d'une manière quelquefois insupportable.

Le plan que je donne ici d'une étable flamande est copié de l'ouvrage de Schwerz sur l'agriculture belge. C'est celui d'une étable telle qu'elle existait dans une abbaye, mais non de celles qu'on trouve chez les petits cultivateurs. Chez ceux-ci, il y a derrière les bêtes un espace plus ou moins large, plus ou moins profond, dans lequel on amoncelle le fumier, jusqu'à ce qu'on en ait besoin dans les champs, ou jusqu'à ce que l'espace soit rempli.

Les eaux de pluie n'y pénètrent pas, la totalité des urines y reste, et sert à augmenter la masse du fumier, au moyen de chaumes, feuilles, bruyères, gazons, en un mot de toutes les substances végétales que le cultivateur peut avoir à sa disposition ; ordinairement il y a, à ces magasins de fumier, une porte assez large pour y faire entrer une charrette.

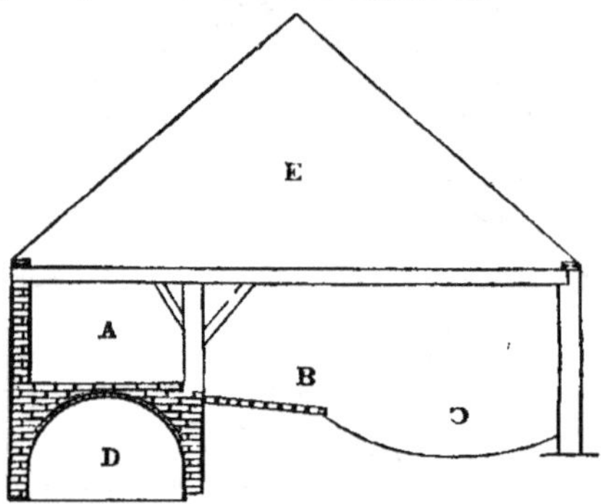

Plan d'une étable flamande.

A Passage dans lequel le fourrage est distribué aux bêtes. On leur donne la boisson dans des baquets et le foin sur le sol même du passage.

B Place qu'occupent les bêtes.

C Espace où le fumier est amoncelé derrière les bêtes.

D Cave où l'on conserve les racines.

E Grenier à fourrage.

Les autres étables sont de deux sortes. Dans les unes, les mangeoires et râteliers sont contre le mur, de chaque côté, et les bêtes présentent la croupe vers le milieu de l'étable.

Dans les autres, les bêtes ont la croupe tournée vers le mur, et les mangeoires et râteliers sont au milieu de l'écurie, de chaque côté d'un passage qui règne entre eux sur toute la longueur de l'étable.

Cette dernière construction offre cet avantage que l'on peut commodément distribuer le fourrage, sans être gêné ou heurté par les bêtes. Mais si l'on veut ne pas perdre la facilité de voir les bêtes, et si on veut leur laisser libres l'entrée et la sortie, il faut qu'outre le passage du milieu, il y en ait un autre de chaque côté, le long de chaque mur, et une porte correspondant à chaque passage. Ainsi, chaque étable aura trois portes, et sa largeur sera augmentée d'au moins 10 pieds, ce qui accroît sensiblement les frais de construction.

Il faut à une étable flamande avec un seul rang de bêtes une largeur de 24 pieds, à une étable à deux rangs de bêtes, les mangeoires au milieu, 30 pieds, les mangeoires au mur, 24 pieds (1).

(1) L'espace qu'occupent les bêtes, du mur à la rigole par laquelle s'écoulent les urines, est de 10 pieds ; restent 4 pieds pour le passage. Cette largeur peut encore être di-

En outre, avec cette distribution la surveillance est plus difficile, tandis qu'avec les mangeoires aux murs, le regard du maître s'étend d'un coup d'une extrémité de l'écurie à l'autre. Quant aux dimensions, des écuries contenant 16 à 20 bêtes sont les plus convenables pour la commodité du service et pour séparer les bêtes convenablement. Si l'on a à sa disposition un long bâtiment, au lieu de faire une seule écurie sur toute la longueur, je crois qu'il vaut mieux faire plusieurs écuries transversales. Cette dernière distribution permet aussi de loger un plus grand nombre de bêtes dans le même espace.

Les mangeoires en bois pourrissent promptement, si la nourriture des bêtes est habituellement liquide et chaude. Les meilleures mangeoires sont en pierre. On les garnit en avant, sur toute leur longueur, d'une planche de chêne, large de 4 pouces, épaisse de 18 lignes, fixée par des boulons qui traversent la paroi de la mangeoire.

Cette planche reçoit les anneaux pour attacher les bêtes, et elle empêche le frottement qui use et les chaînes et la pierre.

Ces mangeoires, dont chaque portion a 6 pieds de longueur pour deux bêtes, sont larges de 1 pied, profondes de 9 pouces, mesurées en dedans; les parois ont 2 pouces d'épaisseur en haut. Elles me coûtent 85 centimes par pied courant.

Elles sont unies au mur par un bon ciment, qui présente une surface polie et inclinée, et si elles sont bien établies, leur durée doit être indéfinie. Cependant la pierre finit aussi par se décomposer, par *pourrir,* si on peut s'exprimer ainsi. On prolonge sa durée en enduisant l'intérieur avec du goudron auquel on met le feu, pour qu'il s'imbibe et pénètre dans la pierre.

En Flandre chaque vache reçoit sa boisson dans un petit baquet, mais ceci n'est guère praticable qu'avec un petit nombre de vaches, et les mangeoires sont toujours plus solides, plus commodes, et moins coûteuses.

Je donne à mes bœufs et vaches 3 pieds et demi par bête, et cet espace est suffisant. Les uns et les autres sont attachés avec des chaînes.

Le taureau seul a un collier de cuir, dans lequel passe un anneau avec un touret qui reçoit une double chaîne. Les veaux sont aussi attachés avec de légers colliers en cuir, jusqu'à ce que leurs cornes aient atteint une longueur de 3 à 4 pouces. Au collier tient une petite chaîne avec un touret.

Souvent les taureaux sont blessés à la nuque par une chaîne pesante. Il y en a qui, avec leurs cornes courtes, trouvent toujours moyen de sortir de la chaîne, ce qui ne leur est pas possible avec un collier que l'on serre à volonté au moyen de la boucle.

J'ai fait cette année l'essai d'un anneau passé dans le nez de mon taureau, c'est-à-dire au travers du cartilage qui forme la cloison entre les deux naseaux, et je m'en trouve parfaitement. Un taureau jeune, bien nourri, qui a peu de vaches à servir, est un animal toujours difficile à gouverner, souvent dangereux. Avec l'anneau il est dompté, et un enfant en fait ce qu'il veut. Relevé au moyen d'une lanière qui passe autour des cornes, cet anneau ne le gêne aucunement. Je ne saurais trop recommander ce moyen, et j'engage à y recourir avant que le taureau sente sa force, et dès qu'il commence à sentir son sexe.

L'anneau est à charnière, il a 4 pouces de diamètre. Pour le passer on assujettit l'animal, ou, s'il est déjà trop fort, on l'abat et on perce la cloison du nez avec l'extrémité même de l'anneau qui est pointue, et tranchante des trois côtés, en forme de trocar; l'autre extrémité a un trou qui reçoit la pointe qu'on recourbe avec une pince.

minuée, et il y a bien des étables où l'on est tellement forcé de ménager l'espace, qu'il n'y a entre les deux rangs de bêtes qu'une seule rigole, qui sert en même temps de passage.

Je crois que presque toujours on peut faire cette opération à un jeune taureau sans l'abattre. Pour cela, je l'attache très-court, par une forte corde, à un poteau qui est dans l'écurie; une autre corde, fixée aux cornes, comme la première, par une extrémité, passe par la bouche et fait le tour de la mâchoire inférieure. Cette corde est tenue par un homme vigoureux. Celui qui opère saisit d'une main les naseaux du taureau, cherchant avec les doigts l'endroit où la paroi est le plus mince, et avec l'autre main il perce cette paroi qui n'offre point de résistance. L'anneau une fois passé, on est maître de l'animal et l'opération s'achève sans aucune difficulté.

L'Agronome, cahier de mai 1833, page 156, contient la description de l'anneau et de la manière dont on le fixe à Griguon. Le procédé que j'indique est plus simple et me réussit parfaitement.

Voici la forme de l'anneau que j'emploie pour les taureaux, il me coûte ici 75 centimes, il a en haut 4 pouces de largeur.

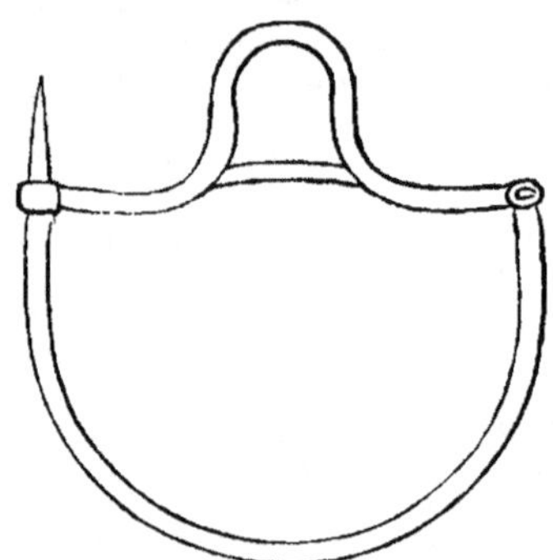

Si l'on n'adopte pas pour les étables la construction flamande, elles doivent être pavées, et une rigole, qui se trouve derrière les bêtes, conduit au dehors les urines dans un réservoir destiné à les recevoir.

Au-delà de la rigole, sur toute la longueur de l'écurie, est un passage qui doit être toujours parfaitement propre, si les bêtes sont bien tenues, si le maître a du plaisir à les visiter souvent, et n'est pas de ceux qui vivent dans la crotte et l'ordure avec leur bétail. En enlevant le fumier trois fois par semaine, et en faisant une litière suffisante, on peut tenir les bêtes très-proprement.

On trouve dans la Suisse et dans d'autres pays, où manquent la paille et autres matériaux propres à faire la litière, des étables disposées pour faire le purin, ou engrais liquide. Immédiatement derrière les vaches, il y a une rigole d'environ 1 pied de largeur sur une égale profondeur, et qui règne sur toute la longueur de l'écurie.

Le marcaire tire dans cette rigole les excrémens qui n'y tombent pas d'euxmêmes; là ils sont mêlés et délayés avec de l'eau, et lorsque la rigole est pleine, on l'ouvre et tout s'écoule dans le réservoir qui se trouve en dehors. Avec cette disposition, une très-petite quantité de litière suffit aux bêtes, et l'on évite la perte d'engrais que l'on éprouverait nécessairement, si, avec la disposition ordinaire de pavé, on n'avait pas suffisamment de paille. Mais l'emploi de ce fumier liquide donne lieu à une main-d'œuvre que ne compense pas l'économie de la paille.

Pansement, soins hygiéniques.

Il est reçu que les chevaux doivent être pansés, et que le pansement est utile, nécessaire même à leur santé. Pourquoi refuserait-on aux bêtes à cornes les mêmes soins? Il est plus difficile de les tenir propres; presque tous les paysans se dispensent de ce soin, et l'on s'est ainsi habitué à voir sans dégoût les vaches revêtues d'un enduit de bouse durcie, qui leur couvre quelquefois la moitié du corps.

Il est bien vrai que les bêtes n'en sont pas plus malades, mais il n'en est pas non plus moins vrai que la propreté doit contribuer à leur bien-être, à leur santé, comme elle y contribue chez tous les autres animaux et chez les hommes, et bien souvent on ne voudrait goûter ni lait ni beurre, si l'on avait vu les vaches qui les ont produits.

Il est d'ailleurs bien prouvé que le fumier et la litière sur lesquels les vaches reposent, donnent un goût au lait, et j'ai appris par ma propre expérience que des genêts en fleur employés pour litière communiquent au lait un goût tellement fort, qu'il est presque impossible d'en faire usage.

Le laitage est un des premiers alimens, et une des jouissances des habitans de la campagne; il est réellement meilleur, mais il est surtout bien plus appétissant, quand on sait qu'il provient de belles vaches bien propres.

Le marcaire doit être muni d'une étrille, d'une brosse, d'un peigne et d'une éponge, en outre d'un couteau, qui peut très-bien être en bois, qui ressemble au couteau de chaleur des chevaux, et qui sert à abattre le fumier frais, dont les bêtes ont ordinairement chaque matin les cuisses salies.

Tous les jours les vaches doivent être étrillées et brossées; les queues, les cuisses et les jarrets doivent être lavés, quand cela est nécessaire.

Leur pis surtout doit être tenu propre, mais ne doit pas être lavé en hiver à l'eau froide, ce qui pourrait arrêter la sécrétion du lait ou causer des engorgemens; il ne doit pas non plus être lavé immédiatement avant de traire; l'eau dont il serait encore humide coulant sous les doigts du marcaire, produirait un résultat tout opposé à celui qu'on se propose.

Les vaches qui pâturent n'ont pas besoin de tous ces soins; cependant, comme elles passent ordinairement la nuit à l'étable, on peut chaque matin les étriller, et si elles sont surprises par un orage ou une forte pluie et rentrent mouillées, elles doivent être essuyées et frottées avec de la paille. C'est un soin que ne négligent pas les Suisses dans les pâturages de leurs montagnes.

Il est bien prouvé que le séjour continuel à l'étable ne nuit aucunement à la santé des vaches (1). Cependant un peu d'exercice ne peut que leur être salutaire.

Il y a en Allemagne des fermes où l'emplacement du fumier est entouré d'une barrière; tous les jours on y répand de la paille sèche, et on y lâche les vaches pendant quelques heures. Les bêtes prennent ainsi de l'exercice et jouissent du grand air; et loin que leurs déjections soient perdues, elles se trouvent ainsi portées sur le tas de fumier, dont le piétinement augmente la quantité au moyen de la paille qui y est répandue et la qualité par le tassement.

Chez moi elles sortent chaque jour lorsque le temps le permet; elles jouissent d'environ une demi-heure de liberté dans la cour, où coule une fontaine. Dans les chaleurs on les conduit à un étang qui est près de la ferme, et où on les fait baigner et nager.

Tous ces soins ne sont nullement embarrassans ni dispendieux, et pourtant ils contribuent beaucoup à la prospérité des bêtes.

Aussi ai-je de très-belles et bonnes vaches, dont je m'occupe avec autant

(1) La question n'est pas de savoir s'il est dans la nature que les vaches pâturent, mais de savoir s'il est dans notre intérêt qu'elles ne pâturent pas et soient nourries à l'étable. Il n'est pas non plus dans la nature que les chevaux soient ferrés, que les bœufs soient châtrés, et engraissés pour être menés à la boucherie; alléguer de pareilles raisons, c'est vouloir nous ramener à l'âge d'or et au régime des glands.

de plaisir et plus de profit que bien des éleveurs ne s'occupent de leurs chevaux.

Les bœufs sont chaque jour pansés par leurs conducteurs ; en été, pendant les chaleurs, on les baigne tous les jours en les faisant avancer dans l'eau jusqu'à ce qu'ils nagent. Je recommande ce soin à tous ceux qui ont de l'eau à leur disposition, et je le regarde comme important pour les bœufs, qui craignent la chaleur, et sont exposés aux maladies inflammatoires.

De la nourriture des bêtes à cornes.

La nourriture des bêtes varie, comme nous l'avons déjà dit, selon leur destination ; mais elle est particulièrement déterminée par la nature des produits du sol. Aussi un homme sage se décidera dans le choix des animaux, non d'après ses goûts, mais en ayant égard à la nature de ses prés, à la qualité des fourrages, à la nature de ses terres, à leur disposition à produire des grains ou des racines, et aux débouchés que lui offre sa position.

Les bêtes d'engrais demandent une nourriture substantielle. Le cultivateur qui, avec de bons prés, possède des terres fortes qui produisent le sainfoin, la luzerne, l'avoine, les féveroles, celui-là a tout ce qu'il faut pour réussir dans l'engraissement.

Les vaches laitières doivent recevoir leurs alimens plus délayés : les racines leur conviennent très-bien.

Celui enfin qui n'a que des prés médiocres, des terres légères dont on n'obtient des produits satisfaisans qu'à force d'industrie et de travail, celui-là doit élever et pour ses besoins et pour la vente. On achètera volontiers chez lui, parce qu'on peut avoir la certitude que les bêtes élevées sur un tel sol réussiront partout.

La nourriture des bêtes peut varier à l'infini. Quelle que soit la destination des animaux, on doit les bien nourrir. Avec des animaux mal nourris, il n'y a que perte à attendre ; mais il ne faut pas moins éviter la prodigalité que la parcimonie. Une économie bien entendue consiste à savoir toujours donner ou *faire assez, ni trop, ni trop peu.*

Foin.—Le foin et le regain entrent toujours en plus ou moins grande proportion dans la nourriture des bêtes à cornes. Le regain, à qualité égale, est à préférer au foin. Plus le foin est fin, tendre, substantiel, aromatique, mieux il leur convient.

Dans le pays que j'habite, et qui offre une grande variété dans la qualité des prairies naturelles, on nomme foin de vaches (*Kühe futter*) le foin des meilleurs prés, et foin de chevaux (*Pferd futter*) le foin aigre des prés humides. Les cultivateurs qui n'ont que du foin aigre et grossier font usage de chevaux, parce qu'ils savent que les bêtes à cornes qu'ils en nourriraient ne leur feraient ni honneur ni profit (1).

Cependant, avec de tel foin, on peut encore entretenir des bêtes à cornes ; mais la quantité qu'elles en mangent doit alors être très-petite, et la nourriture doit consister principalement en racines.

Le foin de première qualité que je récolte étant consommé par les bêtes à laine, il ne me reste pour les vaches que du foin médiocre de prairies arrosées. Je n'en donne alors à chaque vache que 10 livres au plus. Je fais même consommer aux bœufs de travail du foin tout-à-fait grossier. Pour cela, on le coupe au hache-paille, on verse dessus des résidus très-chauds de la distillation des pommes-de-terre, et ils mangent ainsi très-bien, sans en perdre un brin, de mauvais foin qu'ils rebuteraient si on le leur présentait dans son état naturel.

(1) Il y a des prés qui produisent du foin qui, à la vue et à l'odorat, nous semble être de bonne qualité, et que les bêtes à cornes refusent entièrement, tandis que les chevaux le mangent volontiers.

Couper le fourrage au hache-paille est une excellente méthode pour les foins de prés naturels, et encore plus pour les trèfles, luzernes, etc. Il ne se perd absolument rien. On peut faire manger à ses bêtes de la paille dans une forte proportion ; on peut mélanger les fourrages de diverses qualités, et ils profitent mieux aux animaux.

Résidus de distillerie. — Avec une distillerie, on a le très-grand avantage d'avoir chaque jour une bonne nourriture préparée pour les bêtes, en même quantité, à la même heure et à la même température.

Une partie des résidus doit être alors employée à tremper le fourrage, à préparer des soupes qui conviennent aux bœufs de travail comme aux bœufs en graisse et aux vaches laitières. On les rend plus nourrissantes en y ajoutant des pains d'huile ou du grain égrugé.

Racines. — Si l'on n'a pas de distillerie, on doit faire cuire les racines. On peut couper les navets, carottes et betteraves pour les faire manger crus, mais on ne doit jamais se dispenser de cuire les pommes-de-terre ; crues, elles sont un aliment médiocre dont l'usage peut entraîner des inconvéniens ; cuites, elles sont excellentes pour tous les animaux.

Si même on n'a pas de racines, on fera bien de faire bouillir de l'eau à laquelle on ajoutera des pains d'huile ou du grain égrugé, et avec laquelle on trempera une partie du fourrage, foin haché ou balles de grain.

Une excellente manière de préparer ces soupes est de mettre les fourrages hachés dans un tonneau ou dans une cuve, puis d'y introduire la vapeur d'eau mise en ébullition dans une chaudière, de la même manière qu'on cuit les pommes-de-terre destinées à être distillées. On ajoute dans le tonneau, et par lits, les racines, pains d'huile ou tout autre supplément, qui se trouve ainsi cuit et intimement mélangé avec le foin, la paille, etc. Ceux qui ont l'expérience de ce procédé croient que les fourrages gagnent ainsi un quart en faculté nutritive.

Regain. — Le regain ne se coupe pas. Une très-bonne manière de nourrir les bêtes est de leur donner la moitié de leur ration en foin coupé et trempé, et l'autre moitié en regain. Si l'on a en suffisante quantité de très-bon regain, c'est le meilleur fourrage sec que l'on puisse donner aux vaches laitières. Avec de très-bon foin ou regain, ou avec de la luzerne ou du trèfle bien séché, on peut, au moyen de fortes rations, entretenir en bon état des bêtes qui n'auront avec cela à boire que de l'eau claire ; mais cette nourriture est fort chère, elle n'engraisse pas les bœufs, elle procure peu de lait aux vaches, et je ne saurais trop recommander les boissons chaudes. Malgré les frais de main-d'œuvre et de combustibles, on y trouvera une grande économie, les bêtes s'entretiendront beaucoup mieux, et on obtiendra aussi une plus grande quantité de meilleur fumier.

Proportion entre les alimens solides et les liquides. — Pour les vaches laitières, la nourriture doit être très-délayée. Plus elles boivent, plus elles produisent de lait. Le lait, substance liquide, est surtout produit par les alimens liquides. 100 livres de trèfle vert produisent plus de lait que ces 100 livres réduites à 22 livres de trèfle sec, et une vache donnera d'autant plus de lait, qu'elle boira plus d'eau avec la même quantité d'alimens solides. Cette eau opère sans doute une dissolution plus complète du fourrage sec, dont l'animal peut alors mieux s'assimiler les parties nutritives. Il ne faut cependant pas tomber dans l'excès, en voulant nourrir les vaches uniquement de liquide : une certaine quantité de nourriture solide, ne fût-ce que de la paille, est d'absolue nécessité. Je crois que l'on peut admettre que les alimens solides doivent faire le tiers de la ration, c'est-à-dire qu'une vache qui consomme par jour 30 livres d'alimens en recevra 20 livres délayées et 10 en foin ou regain.

Une vache de moyenne taille doit vider à chaque repas 2 seaux de la contenance de 20 litres chacun, ce qui donne par jour 80 litres. Un bœuf en graisse peut boire en un jour 200 litres de résidus. En hiver, les vaches et bœufs en graisse ne font que deux repas qui se composent, chez moi, de fourrage sec, de soupe et de résidus, dans lesquels sont délayés les pains d'huile. On jette ensuite dans le râtelier la paille dont les bêtes choisissent ce qui leur convient, et le reste sert de litière.

Préparation et distribution des alimens. — Le repas dure environ 2 heures. Les alimens doivent être distribués par petites portions; ils profitent mieux, et il n'y a pas de gaspillage.

Il n'y a pas de temps perdu pour le marcaire, qui, pendant que les vaches mangent, les trait, les étrille, enlève le fumier.

Dans une écurie double, il enlève chaque jour le fumier d'un côté, et l'ouvrage est ainsi le même chaque jour, quoique le fumier ne soit sorti de l'écurie que trois fois par semaine.

Vers midi, si le temps est beau, les vaches sortent et peuvent boire à la fontaine qui coule dans la cour; mais il est bien rare qu'elles en profitent aussi long-temps que la distillerie leur fournit la boisson chaude.

Dans toute ferme bien tenue, les fourrages doivent être bottelés, pesés et régulièrement délivrés, de même que tous les autres objets de consommation.

On trouvera beaucoup d'avantage à faire broyer sous la meule d'huilerie les tourteaux. S'ils sont seulement concassés, ils ont souvent de la peine à se dissoudre, et alors la répartition s'en fait inégalement, et ils profitent moins bien aux bêtes. Il y a des engraisseurs qui donnent les pains d'huile secs et grossièrement concassés. Je suis disposé à croire qu'ils profitent mieux s'ils sont délayés dans la boisson. Il ne faut pas trop se fier à la rumination pour le parfait broiement des alimens; car si l'on donne des grains entiers aux bœufs, on voit qu'ils en rendent non mâchés dans une plus forte proportion que les chevaux.

Quoique l'on soit toujours volé par les meuniers, il y a grande économie à faire égruger les grains. Chez moi, il ne se consomme pas dans une année un hectolitre de grain qui ne soit égrugé. Que l'on regarde les déjections de chevaux ou de bœufs nourris de grains non égrugés, et l'on verra que beaucoup de grains sont rendus entiers. Il y a des chevaux qui avalent goulument l'avoine, ou de vieux chevaux qui ont de la peine à mâcher, chez lesquels la moitié des grains passent entiers. Cette portion échappe à la mastication, à la digestion; elle a traversé le corps de l'animal sans servir aucunement à sa nutrition; il y a même des personnes qui disent qu'elle est nuisible, en ce qu'elle absorbe et enlève en pure perte une portion des sucs gastriques. Un bon moulin à bras facile à mouvoir et d'un prix peu élevé serait un instrument précieux; je n'en connais pas qui réunisse ces conditions.

Quantité de nourriture nécessaire à une vache, et valeur comparative des fourrages. — Quant à la quantité de nourriture nécessaire à une vache, on l'évalue à 30 livres de foin par jour, ou l'équivalent pour une vache de 5 à 6 quintaux. Voici, d'après Schwerz, la proportion généralement admise pour la valeur comparative des divers fourrages:

Sont égaux à 100 livres de bon foin:

Avoine,	50 liv.	Luzerne, liv.	100 liv.
Pains d'huile,	50	Rutabagas,	150
Regain,	100	Pommes-de-terre,	200
Trèfle sec,	*id.*	Topinambours,	*id.*
Carottes,	270	Navets,	500 liv.
Betteraves,	330	Choux,	600
Paille d'orge ou d'avoine,	400		

Ces données ne sont malheureusement qu'approximatives; les auteurs varient entre eux, et il reste à faire sur ce sujet des expériences comparatives bien intéressantes.

On conçoit aussi que la qualité du fourrage peut varier beaucoup. 15 livres de mauvais foin peuvent être moins nourrissantes que 10 livres de bon foin.

Schwerz, dans ses évaluations, a pris pour base et sa propre expérience et les évaluations des agronomes les plus distingués, entre lesquelles il a pris un terme moyen.

La 7ᵉ livraison des *Annales de Roville* contient un compte-rendu d'expériences faites par M. de Dombasle pour connaître la valeur comparative de plusieurs substances alimentaires ; en voici le résultat :

Sont égaux, pour la propriété nutritive,

A 100 livres de luzerne sèche deuxième qualité, ou foin de première qualité :

Tourteaux de lin,	57 liv.
Orge (pesant 132 liv. par hect.),	47
Pommes-de-terre crues,	187
id. cuites,	173
Pommes-de-terre cuites, mais pesées avant la cuisson,	162
Betteraves de la variété blanche,	220
Carottes,	307

On trouvera dans cet écrit, comme en général dans tous ceux de M. de Dombasle, des documens précieux que tout cultivateur doit étudier et méditer.

Une seule des expériences laisse des doutes dans mon esprit : je crois que les pommes-de-terre n'ont pas été cuites de la manière la plus convenable, et l'emploi que j'en fais depuis plusieurs années, pour la nourriture des chevaux, me fait croire que 1 livre de bonnes pommes-de-terre cuites à la vapeur vaut 1 livre de foin médiocre. Peut-être aussi les pommes-de-terre cuites profitent-elles mieux aux chevaux qu'aux moutons.

On a cherché à établir une proportion entre le poids de la bête et la quantité d'alimens qui lui sont nécessaires. On a admis qu'il faut 2 1/2 à 3 livres d'alimens par chaque quintal du poids de la bête vivante. Mais ces principes théoriques ne me semblent pouvoir être que de peu d'utilité dans la pratique. Quand on pourrait apprécier rigoureusement la faculté nutritive des alimens, le besoin d'une plus ou moins grande quantité de nourriture varie suivant la race, le tempérament, l'âge ; enfin les services qu'on tire des bêtes sont toujours proportionnés à la nourriture qu'on leur donne, et la question n'est pas de leur accorder ce qui est strictement nécessaire à l'entretien de leur vie, mais de tirer d'elles tout le profit possible.

Perte qu'éprouvent en poids les plantes vertes par la dessiccation.—Le *trèfle vert* perd en séchant 75 à 80 pour 100 de son poids. (Schwerz.)

Les *herbes des prairies,* coupées vertes, sans humidité étrangère sur leurs tiges et sur leurs feuilles, perdent en séchant 66 à 70 pour 100 de leur poids. (Sinclair.)

Selon Schmalz, 120 livres de résidus égalent 40 livres de pommes-de-terre, ou 20 livres de foin. Quoique ces évaluations puissent être admises comme à peu près exactes, il est cependant bien certain que les alimens frais, verts, nourrissent mieux et produisent plus de lait. Les animaux peuvent aussi en consommer une plus grande quantité ; par exemple, un bœuf peut boire jusqu'à 2 hect. de résidus. Quant au trèfle, à la luzerne, on a trouvé que 100 livres de plantes vertes se réduisent à 22 livres par la dessiccation ; mais les 100 livres de plantes vertes nourrissent cependant mieux et produisent plus de lait. Les plantes, en séchant, perdent sans doute une partie des principes nutritifs qu'elles contiennent ; d'autres aussi peuvent devenir insolubles.

La manière dont on sèche le trèfle est aussi très-importante. Si l'on fait faner le trèfle en le retournant à l'ardeur du soleil, comme l'herbe des prés, alors il ne reste plus que des tiges ligneuses et un fourrage de très-peu de valeur, tandis que, bien séchés, le trèfle et la luzerne conservent toutes leurs feuilles, et valent du foin de la meilleure qualité.

Qualités comparatives des différentes substances alimentaires. — L'*avoine* convient peu aux vaches laitières, qu'elle échauffe.

Les *betteraves* ont la propriété de produire de la viande et de la graisse plutôt que du lait.

Les vaches se trouvent très-bien de tous les *résidus* de la laiterie, lait caillé, petit-lait, lait de beurre.

Les *eaux de vaisselle*, eaux grasses, offrent encore une ressource que l'on ne connaît pas dans bien des ménages où l'on jette ces eaux, si l'on n'a pas de porcs pour les consommer. Quelques vaches les refusent d'abord, mais toutes les boivent avec avidité lorsqu'elles y sont habituées.

Le *son* est une pauvre nourriture très-peu substantielle, et qui n'a guère de valeur que par la farine qu'il peut contenir.

Le *sel*, dont les hommes ne pourraient se passer, n'est pas moins utile aux animaux. Malheureusement il est trop cher pour qu'on puisse leur en donner journellement. J'en donne à mes vaches une fois par semaine, à chacune une forte poignée de sel pur dans la mangeoire. Quand on voit avec quelle avidité elles le lèchent, on ne conçoit pas pourquoi bien des gens se donnent beaucoup de mal en tourmentant les bêtes, pour leur frotter la langue et le palais de sel. Aux bœufs en graisse, je donne tous les jours du sel.

Influence des alimens sur le lait. — Les alimens des vaches influent non-seulement sur la quantité, mais aussi sur la qualité et le goût du lait.

On reconnaît au goût le lait des vaches nourries de résidus de distillerie, de navets, de choux, etc.

Le beurre de vaches mal nourries est blanc et maigre. — En hiver, la même quantité de crème produit moins de beurre qu'en été, et le beurre est moins bon.

Le meilleur lait, en hiver, est produit par de très-bon foin ou regain, du trèfle ou de la luzerne, avec des pommes-de-terre cuites, des carottes, des tourteaux d'huile, du grain égrugé.

On fait boire aux femmes-nourrices qui doivent sevrer leurs nourrissons, du bouillon de *carottes*, pour leur faire passer le lait. Les carottes sont nourrissantes, bonnes pour engraisser, très-bonne nourriture pour les chevaux. Il serait intéressant de faire des expériences pour connaitre exactement leur influence sur la production du lait. Une telle nourriture colore aussi le beurre.

Les racines de *persil* donnent au beurre un goût agréable. On recommande dans le même but les plantes suivantes, séchées et réduites en poudre; on croit qu'une poignée suffit pour 5 vaches : thym, sauge, cumin des prés (carvi), fenouil, baies de genièvre.

On recommande les feuilles de *céleri*, que l'on conserve salées dans des tonneaux ou cuves, et que l'on donne aux vaches par petites portions dans leur boisson. Elles sont un assaisonnement à leurs autres alimens, et elles contribuent à parfumer le lait.

Nourriture des bœufs en hiver. — Pendant l'hiver, les bœufs de travail sont généralement assez mal nourris, attendu que rarement, dans cette saison, ils peuvent travailler, et leur nourriture consiste principalement en paille d'avoine ou d'orge.

Une distillerie procure encore avec eux un grand avantage. On leur fait consommer les plus mauvais fourrages, une fois qu'on les a trempés : avec cette nourriture liquide et de la paille, ils produisent beaucoup plus de fumier, ils arrivent en bon état au printemps, et l'on a ménagé les meilleurs fourrages pour l'époque des travaux. Alors leur nourriture doit être en rapport avec le travail qu'on exige d'eux. Si ce travail est pénible, il faut, ou que le foin soit de première qualité, ou qu'on y ajoute des racines, ou même un peu d'avoine.

Je crois que toujours, et pour tous les animaux, la nourriture avec le foin seul n'est ni la meilleure ni la plus économique. Dans bien des fermes où l'on a le foin en abondance, on ne le ménage pas, et l'on ne donne presque rien autre aux animaux de travail. Si l'on vendait une partie de ce foin pour acheter de l'avoine, on y aurait certainement de l'économie, et les bêtes s'en trouveraient aussi beaucoup mieux.

La valeur mercantile des denrées doit aussi être prise en considération et faire varier la nourriture du bétail. C'est pourtant une chose à laquelle bien peu de personnes ont égard, et rarement les prix ont entre eux le rapport de la valeur réelle des choses. Ainsi, 1 livre de foin a coûté en 1833 presque autant que 1 livre d'avoine; en 1834, 100 livres de foin coûtent 3 fr., et l'on a pour 2 fr. 400 livres de pommes-de-terre.

Nourriture des bêtes en été. — En été, la nourriture des bêtes est plus facile. Il y a des localités privilégiées qui ont de vastes et riches *pâturages* où l'on n'a, pour ainsi dire, qu'à lâcher le bétail au printemps. Ces positions sont hors de la règle commune, et mes conseils s'adressent à ceux qui n'ont qu'une étendue bornée de prairies, et qui, avec une culture perfectionnée, doivent tirer de leurs champs la nourriture de leurs bêtes pendant environ 5 mois.

La *luzerne* ne réussit pas partout.

Il en est de même du *sainfoin*. Celui-ci est ordinairement peu serré, et donne un si excellent fourrage sec, qu'on le fourrage peu en vert.

Le *trèfle* est la nourriture verte la plus ordinaire. Un peu avant le trèfle rouge, on peut faucher le trèfle incarnat; enfin, comme supplément au trèfle, on sème de l'escourgeon, du seigle, des vesces d'hiver, des vesces mêlées d'avoine, et aussi d'autres grains, pois, maïs, sarrazin.

L'*herbe des prés* est une ressource à laquelle on est quelquefois forcé de recourir; mais elle est toujours bien inférieure à tous les fourrages que produisent les champs.

Le passage du sec au vert ne doit avoir lieu qu'avec précaution. On donne le vert d'abord en petites quantités, et mêlé de foin ou regain.

Les soins, à cet égard, doivent être d'autant plus grands, que le fourrage vert est plus jeune, plus tendre et plus aqueux.

Si c'est le trèfle rouge qui est la nourriture de tout l'été, on doit commencer à le couper dès qu'il est assez grand pour pouvoir être fauché, et bien avant qu'il soit en fleur; alors ce trèfle, fauché de très-bonne heure, se trouve bon à faucher pour la deuxième fois lorsque la première coupe est épuisée.

Dès que le trèfle devient dur, les bêtes ne le mangent pas volontiers, en perdent beaucoup, et les vaches donnent peu de lait. On ne doit donc pas tarder à l'abattre et à le sécher, d'autant que, si on le laisse sur pied, on se fait un tort sensible pour la coupe suivante. Lorsqu'une partie des fleurs commencent à passer, il est temps de faucher et de sécher.

Il peut arriver que le trèfle vert manque dans l'intervalle d'une coupe à l'autre; pour cette époque les vesces sont une ressource précieuse. Les vesces mêlées d'avoine et fauchées en fleurs sont, pour les vaches, une excellente nourriture qui leur procure plus de lait que le trèfle; mais elles exigent des frais de culture; elles ne donnent qu'une coupe et sont aussi un fourrage beaucoup plus cher que le trèfle; aussi ne convient-il de les cultiver que comme supplément. Si le trèfle est vigoureux et la température favorable, la seconde coupe a lieu environ 6 semaines après la première.

On a exagéré les dangers du trèfle pour la météorisation. Avec le soin de le donner par petites portions, et de prolonger ainsi les repas, les bêtes peuvent en manger à satiété, même lorsqu'il est encore jeune.

En été, les bêtes font trois repas, et chacun dure près de deux heures. Dans une grande écurie, le marcaire, distribuant le fourrage par très-petites portions, peut faire, presque sans interruption, le tour de l'écurie.

Il serait imprudent de faire boire les bêtes lorsqu'elles sont remplies de trèfle. On les conduit à l'abreuvoir vers 10 heures, avant le repas de midi, et vers 4 heures, avant le repas du soir.

Nourries de trèfle tendre et succulent, les bêtes boivent bien peu.

C'est une erreur trop généralement admise de croire que le trèfle mouillé est dangereux. S'il est dangereux, c'est au contraire lorsqu'il est flétri par le soleil, ou lorsque, fauché sec, il s'est échauffé en tas. Si cela pouvait s'accorder avec la distribution du travail, je ne ferais faucher le trèfle vert que le matin à la rosée, et le soir au coucher du soleil. Dans les premières années de la culture de ma ferme, pauvre en fourrage, j'ai été quelquefois forcé de faire pâturer à l'automne des trèfles trop petits pour être fauchés ; plusieurs fois mes vaches ont gonflé, mais toujours après midi, par un temps sec, et jamais le matin. J'ai communiqué cette observation à un vétérinaire instruit, des informations ont été prises, et il s'est trouvé que d'autres que moi avaient constaté le fait (1). Quant au trèfle fauché mouillé de pluie ou de rosée, je puis affirmer que pas une fois il ne m'a causé un accident, quoique mes bêtes en mangent autant qu'elles en peuvent manger.

A l'automne, on a des feuilles de betteraves, de choux, etc.; mais ce sont de bien faibles ressources avec beaucoup de bétail. Les feuilles de betteraves, outre qu'elles sont très-peu nourrissantes, ont encore l'inconvénient de relâcher extrêmement les bêtes. Les prés, les trèfles de l'année offrent quelquefois une bonne pâture d'automne, qui peut être très-utile à celui qui a peu de fourrage.

Du sarrazin, semé à la fin de juin et en juillet, fournit un bon fourrage à faucher en septembre. Les vaches le mangent avec plaisir, et il leur fait donner beaucoup de lait; enfin, les navets, qui ne se conservent pas long-temps, et que, par cette raison, il convient de consommer dès l'automne, servent de passage entre le vert et le sec.

Je trouve, dans ma position, préférable de laisser aux bêtes à laine tout ce qui est à pâturer, et dès le mois d'août, les résidus de la distillerie et le fourrage sec redeviennent la nourriture des vaches, qui sont ainsi nourries toute l'année à l'étable. Chacun doit se déterminer à cet égard d'après sa position particulière, mais ne pas oublier que le fumier est un des grands produits des bêtes à cornes, et qu'on en perd au moins la moitié pour profiter de quelques brins d'herbes qui se trouvent encore en automne dans les prés ou dans les champs.

Exemple pour les petits cultivateurs. — La nourriture du bétail, comme beaucoup d'autres procédés de culture et d'économie domestique, ne peut être la même dans les fermes et chez les petits cultivateurs. Le canton que j'habite peut être offert en exemple à ces derniers, pour la manière dont les vaches y sont nourries.

Le sol y est généralement léger et pauvre, la plus grande partie des prés sont tourbeux ou marécageux. Les terres sont soumises à l'assolement alterne; environ la moitié est annuellement plantée en pommes-de-terre; on ne les laisse jamais en jachère.

Les pommes-de-terre et le laitage sont la base de la nourriture de tous, et on pourrait dire, toute la nourriture des pauvres, qui mangent toujours très-peu et souvent point de pain, presque jamais de viande. Il est peu de ménages qui n'aient une vache, même ceux qui n'ont ni terres ni prés.

Les forêts fournissent des feuilles ou de la bruyère pour litière; au printemps, dès que le dégel est arrivé, les champs qui, l'année précédente, ont porté du seigle, sont piochés, retournés; on en tire les racines de chiendent, et ces racines lavées, puis égouttées, sont, pour les vaches, une très-bonne nourriture.

Vers la fin de mai, lorsque tous les champs sont cultivés et n'offrent presque

---

(1) En Prusse le gouvernement entretient dans chaque cercle (les cercles sont formés de 4 à 5 cantons) un médecin vétérinaire qui correspond avec un collége de médecine établi au chef-lieu de régence et qui doit présenter un rapport à la fin de chaque trimestre. Tous les faits intéressans observés par l'un de ces vétérinaires sont recueillis, toutes les questions douteuses sont soumises à tous, une sorte d'enquête a ainsi lieu, et peu de questions restent sans solution.

plus de ressources, les forêts fournissent de l'herbe, que l'on arrache à la main.

Plus tard, lorsque cette herbe est sèche et dure, les champs fournissent des mauvaises herbes de toutes espèces, jusqu'au moment où commence la pâture d'automne, après la moisson.

Toutes ces ressources réunies aident à entretenir les vaches pendant environ 8 mois, et pour les quatre mois d'hiver, ceux qui n'ont point de pré, et qui n'ont pas les moyens d'acheter du foin, font sécher, pendant l'été, de l'herbe de la forêt.

Mais ce qui mérite de fixer l'attention, c'est que ce sont les soupes qui, toute l'année, sont la principale nourriture des vaches. Ces soupes sont faites avec les pelures de pommes-de-terre et autres légumes, l'eau de vaisselle, un peu de pain d'huile, le peu de son que l'on peut avoir dans le ménage et une foule de plantes que les bêtes ne mangeraient pas crues, tels sont les jeunes chardons, les orties, les renoncules des prés. On fait également cuire les feuilles inférieures et les baies des pommes-de-terre, les feuilles de betteraves, de navets, de choux. En un mot, on pourrait dire que. chez les pauvres, excepté l'herbe, tout passe par la marmite, tout est cuit et consommé par les vaches, en forme de soupe. Quand on voit les vaches en bon état, et que l'on observe combien peu de valeur ont les alimens qu'elles consomment, on ne peut douter que cette méthode ne soit excellente et ne puisse servir d'exemple aux pauvres paysans de beaucoup d'autres pays.

Il est seulement à observer que cette manière de nourrir les vaches, excellente pour ceux qui n'ont rien à faire, serait très-mauvaise pour ceux qui auraient un emploi assuré de leur temps, ou qui voudraient payer des journaliers pour piocher du chiendent ou ramasser des mauvaises herbes.

Nourriture des bœufs en été. — La nourriture des bœufs de travail est, en été, tout-à-fait la même que celle des vaches. On ménage le plus possible ceux qui sont destinés à être engraissés, afin qu'ils arrivent à l'automne déjà en chair, ce qui procure une grande avance sur l'engraissement.

Quantité de lait et de viande produite par une quantité donnée de fourrage. — Ici je laisse, malgré moi, une lacune. Après avoir indiqué les différentes manières de nourrir les bêtes, et celles que je considère comme les meilleures, je voudrais pouvoir dire quelle quantité de lait et de viande produit une quantité donnée de fourrage consommé par les vaches et bœufs de la race que je recommande : malheureusement je ne me sens pas en état de résoudre cette question avec l'exactitude nécessaire, et ceux qui ont quelque expérience sentiront combien elle offre de difficulté.

Peu de fermes sont conduites avec plus d'ordre que la mienne. Les fourrages, pains d'huile, grains sont régulièrement distribués ; mais je ne peux, faute de place pour l'enfermer, en faire autant de la paille, qui est à peu près à la discrétion des valets ; les résidus de la distillerie roulent dans un réservoir commun ; la part de chacun est déterminée, mais les contestations entre les domestiques me prouvent trop souvent que chacun se fait toujours la plus forte part possible. Vaches et élèves de tous les âges sont dans la même étable ; enfin, la quantité de fourrage vert consommée par chaque bête est bien difficile à apprécier exactement. Il faut, pour tout cela, des bâtimens plus étendus, mieux distribués qu'on ne les a ordinairement ; il faut surtout beaucoup de temps pour une surveillance continuelle. Quant aux produits, il faudrait que le lait fût tous les jours exactement mesuré, ce qui n'est pas sans difficulté quand on élève des veaux ; il faudrait n'avoir dans l'étable consacrée à l'expérience que des vaches en plein rapport, c'est-à-dire ayant fait au moins deux veaux ; il faudrait enfin, non-seulement mesurer le lait, mais encore s'assurer de la quantité de beurre qu'il contient.

Quant aux bœufs en graisse, il faut les peser vivans et connaître ainsi l'augmentation journalière de leur poids.

J'espère que je pourrai surmonter ces difficultés, et donner quelque jour les résultats positifs de mon expérience.

Des bœufs.

Si l'on voulait élever des bœufs dans l'unique but d'avoir de bons bœufs de travail, il pourrait être avantageux de ne les châtrer, comme quelques auteurs le prescrivent, qu'à l'âge de 18 mois ou 2 ans ; mais si l'on veut élever des bœufs qui, après avoir travaillé, donnent de bons bœufs à engraisser, on doit les châtrer tout jeunes, dès l'âge de 6 semaines, et ne pas leur laisser passer l'âge de 6 mois. L'opération, à cet âge, est très-simple, il n'est pas même nécessaire d'abattre la bête.

Castration. — L'opérateur fait par-derrière deux incisions longitudinales, c'est-à-dire de haut en bas, à la partie inférieure du scrotum, et il sort l'un après l'autre les deux testicules, qu'il enlève en déchirant le cordon, ce qui prévient l'hémorrhagie. Les plaies sont pansées avec un peu d'huile, et ordinairement il n'est plus nécessaire d'y toucher.

Pour les taureaux, l'opération est moins facile ; mais le grand inconvénient, c'est que l'animal conserve toujours un caractère de taureau et ne donne jamais un si bon bœuf pour la boucherie.

Elève des bœufs. — Dans tous les pays où l'on fait travailler les bœufs au joug, on les élève par paires, et aussitôt que les cornes sont assez longues, c'est-à-dire dès l'âge de 2 ans, on commence à les faire travailler et ils gagnent leur nourriture.

Ces bœufs sont, dans ce pays-ci, élevés par de petits cultivateurs qui les ménagent et les dressent avec une patience qu'on ne peut pas attendre des valets. Les plus petits cultivateurs attellent tous deux vaches qui aident à la culture des terres, lorsque les bouvillons ne sont pas encore assez forts pour y suffire.

Commerce de bœufs. — Ces jeunes bœufs sont l'objet d'un commerce intérieur assez actif. Chaque cultivateur ne les tient que d'une force proportionnée à son ouvrage, et les vend, au bout de l'année, avec un profit plus ou moins considérable. Ainsi, ils ont eu déjà ordinairement plusieurs maîtres lorsqu'ils arrivent aux foires, comme bœufs faits, vers l'âge de 5 à 6 ans.

C'est à ces foires que viennent acheter, outre les étrangers, les grands cultivateurs, les fermiers et les engraisseurs du pays.

Chez ceux-ci les bœufs sont aussi, dans la règle, renouvelés tous les ans et mis en graisse, lorsque les travaux d'automne sont terminés.

Ainsi, le plus grand nombre des bœufs ne passe pas l'âge de 6 à 7 ans, et chaque paire, vendue grasse pour 24 louis, peut avoir produit en 6 années 4 louis d'argent comptant à chacun des 6 maîtres auxquels elle peut avoir appartenu.

Les avantages de ce mode d'éducation du bétail sont faciles à saisir. Les fourrages sont convertis en fumier, l'ouvrage est fait et le bétail donne chaque année un profit net, qui n'est pas bien considérable, mais qui est certain ; la fertilité des terres du Glan, la prospérité des cultivateurs, sont l'argument le plus convaincant de l'excellence de ce système.

On conçoit que la vigueur des bœufs pour le travail n'est pas la qualité la plus recherchée ; on s'attache à élever des bœufs qui, bien construits comme bœufs de travail, possèdent les qualités indiquant la disposition à prendre la graisse. Les éleveurs, comme les engraisseurs, les ménagent extrêmement, les premiers pour qu'ils prennent tout le développement possible, les seconds pour qu'ils soient dans le meilleur état au moment où ils doivent être mis en graisse.

Bœufs de Quirnbach. — Si l'on peut faire un reproche aux bœufs que l'on trouve à acheter aux foires de Quirnbach, c'est qu'ils sont en trop bon état ; on doit les traiter comme de jeunes chevaux bien nourris, et qui ont besoin de ménagemens. Mais on a la preuve dans les grandes fermes que, s'ils sont convenablement gouvernés, ils peuvent très-bien supporter des travaux pénibles et soutenus.

Je dois cependant à la vérité de dire que parmi les bœufs achetés à Quirnbach, j'ai toujours trouvé que les meilleurs bœufs de travail sont ceux qui s'engraissent moins bien, et que réciproquement ceux qui prennent facilement la graisse sont ceux qui résistent le moins à la fatigue.

La faculté d'engraisser n'existe pas seulement avec un tempérament lymphatique, elle peut très-bien aussi accompagner le tempérament sanguin, et sous ce rapport, comme sous tant d'autres, nous sommes encore bien peu avancés dans la science du bétail.

Bœufs du Westerwald.—Il y a dans le duché de Nassau, dans un petit canton connu sous le nom de Westerwald, sur la rive droite du Rhin, à la hauteur de Coblenz, une excellente race de petits bœufs, parfaitement appropriés au pays couvert de montagnes escarpées.

Ces bœufs, de poil bai vif, sont petits ; ils ont la tête légère, très-peu de fanon, la croupe un peu pointue ; ils sont agiles, nerveux, et j'ai souvent admiré leur force et leur courage. Avec cela, ils donnent une viande parfaite, d'un grain fin, tendre, succulente.

Les cultivateurs et engraisseurs m'ont assuré qu'ils prennent facilement la graisse, et les bouchers qu'ils se tuent très-bien et donnent une quantité considérable de suif. Cette race fournit en même temps de fort bonnes vaches laitières.

Les moutons ardennais, justement renommés pour l'excellente qualité de leur chair, engraissent très-facilement ; ils sont de petite taille, ils ont du nerf, de la vivacité, ils s'entretiennent dans les plus maigres pâturages, et je ne crois pas qu'il y ait une race de bêtes à laine plus robuste et plus dure.

Les mérinos au tempérament lymphatique, à la peau si fine, s'engraissent au contraire difficilement.

Attelage des bœufs au collier et au joug.—Doit-on atteler les bœufs au joug, ou avec des colliers ?

Le joug a l'avantage de son extrême simplicité et de son bas prix ; avec le joug on dresse et l'on maîtrise plus facilement les bœufs ; il convient donc mieux dans un pays où l'on élève, où l'on engraisse, et où le but principal n'est pas une plus grande masse de travail obtenu des animaux.

A la charrue, les bœufs au joug sont attelés beaucoup plus court ; ils ont par là plus de force, la charrue vacille moins, et les tournées sont plus faciles.

Avec le collier, les bœufs ont les mouvemens plus libres, ils peuvent marcher plus vite ; il n'est pas nécessaire qu'ils soient appareillés égaux en taille et en force, comme avec le joug.

Le collier peut donc mieux convenir là où le travail est la principale destination des bœufs, et par conséquent là où souvent on les conserve plusieurs années.

Si les bêtes tirent avec des colliers, on a l'avantage de pouvoir faire servir le même chariot aux bœufs et aux chevaux, tandis qu'avec le joug double, il faut aux chariots un autre timon pour les bœufs. Dans un pays montueux, dans des champs dont la pente est rapide, où se rencontrent des rochers, des ravins, qui placent souvent les bœufs dans une position forcée, l'un beaucoup plus élevé que l'autre, alors ils souffrent beaucoup d'être fixés l'un à l'autre par le joug, et il en résulte quelquefois des écarts d'épaule. On reproche aux colliers d'entraîner un attirail de harnais plus compliqué et plus cher, et de ne pas offrir les mêmes moyens de maîtriser les animaux. La bouche du bœuf par sa conformation ne se prête pas du tout à recevoir une bride, non plus que son fanon et son poitrail à recevoir un collier. Si l'on observe un bœuf qui marche, on remarquera un mouvement de l'épaule beaucoup plus prononcé que dans le cheval. Aussi je crois que le bœuf poussant par la tête a plus de force; car ce n'est pas par les cornes que tire le bœuf, au moyen du joug; il pousse par le front, et les cornes ne servent qu'à maintenir les courroies.

Les bœufs au joug sont obligés de souffrir les mouches qu'ils ne peuvent atteindre avec la queue, et par contre, ceux qui sont attelés avec des colliers, frappant à droite et à gauche pour chasser les mouches, distribuent souvent à leur conducteur et à leur voisin de dangereux coups de cornes.

Si l'on veut atteler chaque bœuf seul, on peut remplacer le collier par un petit joug, à chaque extrémité duquel sont fixés les traits. Ceux-ci sont ordinairement deux chaînes; soutenues par une courroie ou même une sangle qui passe par-dessus le dos du bœuf. Pour retenir, la chaînette du timon aboutit à une autre petite chaîne, qui va d'une extrémité à l'autre du joug en passant sous le cou des bœufs.

Pour conduire un taureau que j'attelai seul, je me suis très-bien trouvé d'un caveçon dont la muserolle était formée d'une bande de tôle large d'environ 18 l., pliée en gouttière, de manière que les deux bords, limés en dents de scie, portaient sur le nez de l'animal.

Deux anneaux fixés à cette muserolle recevaient les rênes, et avec un semblable caveçon on est maître d'un bœuf ou taureau mieux que d'un cheval avec une bride. Si l'on accouple sous un seul joug deux bœufs inégaux en force, on peut, en reculant le point de tirage, alonger le levier pour le bœuf plus faible, et rétablir ainsi l'équilibre.

Les Suisses ont un joug d'une forme particulière, qui se place sur la nuque de l'animal.

Parmi le grand nombre de jougs en usage en Allemagne, il y en a de bons et de mauvais. Je ne crois pas possible, avec un dessin, de mettre à même de bien exécuter un joug.

Ferrage des bœufs.—Dans des sols durs, pierreux, ou s'ils doivent travailler sur la terre gelée, il est nécessaire de ferrer les bœufs. Souvent on ne ferre que les pieds de devant, quelquefois même seulement l'ongle extérieur. Il faut un fer pour chaque ongle, il est plat et couvre toute sa sole; chaque fer est tenu par 5 ou 6 clous, brochés en pince, la muraille des quartiers étant trop faible pour les recevoir, et en outre par une lame longue et étroite qui part du fer dont elle fait partie, s'élève entre les deux ongles, et est repliée sur l'ongle auquel est attaché le fer. Les clous seuls, qui n'occupent pas un quart de la circonférence du fer, ne lui donneraient pas une solidité suffisante.

Comparaison des bœufs aux chevaux. — L'agriculture doit-elle préférer les bœufs aux chevaux, sous les rapports du travail, du nombre, de la nourriture, de la qualité du fumier et de son abondance?

Cette question a été traitée par Charles et Félix Villeroy, dans un mémoire imprimé dans les Mémoires de l'académie de Metz, 1829-1830.

Nous y établissons que la question n'est pas susceptible d'une solution générale.

Il n'existe de supériorité absolue ni pour les chevaux ni pour les bœufs, mais les uns ou les autres ont une supériorité relative, déterminée par la position ou les circonstances où se trouve chaque cultivateur.

Le travail des bœufs est à celui des chevaux comme 2 est à 3, mais les frais de nourriture et d'entretien sont dans la même proportion.

Les chevaux conviennent mieux aux sols pierreux, aux terres très-fortes, partout où il y a des transports à exécuter.

Les bœufs conviennent particulièrement pour les terres légères, pour la charrue, et pour tous les travaux qui ne leur font pas dépasser les limites de la ferme qu'ils cultivent; les terres fortes produisent l'avoine et les féveroles dont on nourrit généralement les chevaux, tandis que les terres légères produisent des racines pour les bêtes à cornes.

L'emploi bien entendu des bœufs et des chevaux réunis pour une même exploitation, nous semble présenter les plus grands avantages. La proportion numérique des uns et des autres est dans ce cas encore déterminée par la nature des travaux à exécuter et les circonstances particulières.

Sur le Glan, tous les cultivateurs ont une paire de chevaux, ou au moins un cheval pour les transports et tous les travaux pénibles afin de pouvoir ménager les jeunes bœufs.

Dans le pays de Deux-Ponts, chaque ferme n'a ordinairement qu'un attelage de 4 chevaux, pour la herse et les transports ; les labours sont exécutés par des bœufs, qui sont en nombre double ou triple des chevaux. On n'en attèle que 2 à une charrue, mais tous les cultivateurs tâchent toujours d'en avoir au-delà du nombre nécessaire, afin de les ménager, et de les maintenir en bon état, jusqu'au moment où ils seront engraissés.

Quant au fumier, l'avantage est certainement du côté des bœufs, et personne n'a encore songé à le contester.

Schwerz nous atteste qu'une vache belge produit 50 à 60 voitures à un cheval de fumier dans une année, et ce fait est très-certain, tout incroyable qu'il puisse paraître à bien des cultivateurs français.

J'ai pesé avec une grande exactitude la paille employée pour litière et le fumier produit par un bœuf en graisse. J'ai trouvé que 10 liv. de paille donnent par jour 75 liv. de fumier (1 liv. de paille 7 $\frac{1}{2}$ de fumier).

Le pavé de l'écurie a une forte pente qui laisse échapper la presque totalité des urines. Elles aboutissent à un réservoir, où elles sont utilisées ; mais si on voulait les retenir comme dans une étable flamande, et les faire absorber par une suffisante quantité de litière, on pourrait certainement doubler la quantité de fumier.

La prodigieuse quantité de fumier qu'obtiennent les Flamands vient de ce que l'espace creux qui se trouve derrière les bêtes retient la totalité des urines, et qu'ils y jettent, outre le fumier produit par une abondante litière, des herbes, des gazons, des bruyères, en un mot toutes les matières qu'ils ont à leur disposition pour absorber les urines.

Un cheval de travail, avec 10 liv. de paille par jour, ne produira pas par année plus de 8 voitures de fumier de 20 quintaux l'une.

Attelage des vaches.

Serait-il avantageux de cultiver avec des vaches?

Je répondrai à cette question par un passage du mémoire cité plus haut.

« Cultivateur par goût, je pourrais dire avec passion, il n'est aucun des travaux agricoles que je voie avec indifférence ; mais la vue d'un paysan cultivant son champ avec deux vaches bien propres et bien luisantes, me cause un plaisir que bien des gens ne concevront pas. On a écrit de fort bonnes choses contre la petite culture en faveur de la grande ; mais, à part toute considération d'économie politique, comme la vie champêtre est, à mon avis, celle qui offre le plus de chances de bonheur, de même aussi je n'y vois pas de situation plus heureuse que celle d'un homme jouissant de la santé du corps, qui serait assez éclairé pour savoir apprécier l'indépendance, mépriser la richesse, et qui cultiverait avec ses vaches une petite propriété suffisante pour fournir à ses besoins et à ceux de sa famille.

» J'envie le sort de cet homme qui attelle ses vaches, qui les conduit lui-même, et qui n'a pas tout le tracas d'une culture ; mais je ne crois pas que dans une autre position on doive chercher à l'imiter. Le petit cultivateur est bien rarement pressé par l'ouvrage ; il soigne lui-même ses vaches, il les ménage, et leur travail n'est qu'un exercice salutaire, qui augmente probablement la qualité du lait, sans nuire à la quantité. Il en est bien autrement chez le fermier, où souvent toutes les heures de travail sont calculées ; qui, contrarié par toutes les vicissitudes des saisons, est souvent forcé d'endurcir son cœur, et de voir maigrir bœufs, chevaux et valets. pour mettre à profit quelques journées favorables qui s'écoulent trop rapidement. Que deviendront alors les malheureuses vaches loin de l'œil du maître ! Trop heureux le fermier, s'il en est quitte pour la perte du lait.

» Veut-il compenser ces chances par l'augmentation du nombre, il tombe dans d'autres inconvéniens.

» Pour que le travail des vaches ne puisse leur nuire, on ne doit exiger d'elles que la moitié du travail des bœufs ; mais comme elles sont moins fortes et qu'on ne peut les atteler six semaines avant et six semaines après le vélage, il faut compter trois paires de vaches pour une paire de bœufs ; ainsi celui qui emploie dix bœufs, devra déjà avoir trente vaches.

» Si, pour fournir aux travaux extraordinaires, on veut encore en augmenter le nombre, on conçoit facilement tout l'attirail, tout l'embarras et l'augmentation de risques qu'entraîne ce nombreux et indiscipliné bétail. Car il ne faut pas croire que des vaches se gouvernent comme des bœufs ; vieilles, elles sont souvent trop pesantes ; jeunes, elles sont souvent indociles. Les attelle-t-on avec des colliers, on ne peut les maîtriser ; les met-on au joug, il faut que chacune conserve à droite ou à gauche la place à laquelle elle est habituée, et qu'elles soient d'égale force.

» Ainsi, quoique de notables avantages ressortent des calculs sur le papier, ils sont de fait nuls par la perte de temps, la nécessité d'un plus grand nombre d'hommes, et il reste encore la considération importante des risques à faire entrer en compte.

» Je parle de ceci d'après ma propre expérience. J'attelle bien encore quelquefois mes vaches, mais seulement pour conduire le fourrage vert, et encore peut-on engraisser une paire de bœufs, en leur faisant faire ce léger travail. J'ai aussi attelé les taureaux, et je n'en ai encore trouvé qu'un seul de race suisse qui soit resté docile en vieillissant. Ordinairement, à peine dressés et avant l'âge de trois ans, ils deviennent dangereux lorsqu'ils commencent à sentir leur force. »

Ces réflexions pourront être utiles à de jeunes cultivateurs, faciles à s'enthousiasmer, comme je l'ai été, et disposés à adopter ce qui peut être excellent dans une position particulière, mais qui ne convient pas dans le plus grand nombre de circonstances différentes. Ils sentiront aussi que ce n'est que dans des terres légères, faciles à labourer, que l'on trouve avantageux ce mode de culture avec des vaches.

Une autre vérité dont les jeunes agriculteurs ne sauraient trop se pénétrer, c'est que pour réussir dans l'éducation du bétail, pour en tirer le meilleur parti possible, il faut, comme je l'ai déjà dit plus haut, aimer les bêtes, pourvoir à tous leurs besoins et les mettre à l'abri des mauvais traitemens. Si les paysans français se distinguent par d'autres qualités, ils ne possèdent généralement pas celle de bien gouverner les animaux compagnons de leurs travaux. La douceur, la patience, les soins qui préviennent les accidens, donnent déjà un immense avantage à l'éleveur allemand. Malheur à celui qui confie ses bœufs ou ses vaches à des valets grossiers, et qui regarde comme un déshonneur de conduire d'autres animaux que des chevaux ! Dans les pays où règne un tel préjugé, le plus sage est de renoncer aux bêtes à cornes, au moins jusqu'à ce qu'on ait pu former de bons domestiques, ou s'en procurer d'étrangers.

De l'engraissemeut des bœufs.

L'engraissement du bétail est une des parties les plus importantes et les plus difficiles de la science agricole.

Il peut seul fournir matière à un traité spécial, et comme ce traité existe déjà, je ne saurais mieux faire que d'y renvoyer en le recommandant à tous ceux qui désirent acquérir des connaissances dans cette partie. Observations et conseils pratiques sur l'engraissement par J.-V. Favre. —Genève, 1824 (1).

Je dirai seulement à ceux qui veulent engraisser, qu'ici encore l'ordre et l'exactitude sont deux conditions de rigueur ; qu'il faut pour engraisser avec profit, travailler sur une bonne race, et ne mettre en graisse que des bœufs déjà en bon état. En 4 mois on engraissera un bœuf qui est en chair, et ce temps suffira à peine pour mettre en chair un bœuf qui a la peau collée sur les os.

V. Favre n'a pas parlé de l'engraissement dont les résidus de distillerie font la base. C'est celui qui est le plus en usage dans ce pays-ci et celui que je regarde comme le plus profitable, partout où l'on peut distiller de manière à obtenir les résidus pour bénéfice net de la distillerie. On engraisse bien un bœuf avec 15 liv. de bon foin, 5 liv. de pains d'huile, et 1 hectol. de résidus.

Quantité de nourriture nécessaire à un bœuf en graisse.— On compte pour la nourriture d'un bœuf de 7 à 8 quintaux, l'équivalent de 5o liv. de foin.

On engraisse aussi avec les résidus sans addition des pains d'huile, ni de grain ; on engraisse même dans le nord de l'Allemagne avec des résidus et de la paille. Un bœuf consomme dans ce dernier cas les résidus de 100 liv. de pommes-de-terre.

Cet engraissement est long, cependant il peut produire un bénéfice net plus considérable que celui qui ne durera que 3 mois, avec foin, pains d'huile, etc.

On estime que les pommes-de-terre distillées conservent la moitié de leurs principes nutritifs, c'est-à-dire que les résidus de 1oo liv. de pommes-de-terre nourrissent autant que 5o liv. de pommes-de-terre. Ainsi la paille de seigle, qui contient très-peu de principes nutritifs, ne serait qu'une sorte de lest pour l'estomac. Ceci vient à l'appui de ce que j'ai dit précédemment, qu'il doit toujours exister une certaine proportion entre les alimens solides et les liquides.

On remplace très-bien les pains d'huile par les pommes-de-terre cuites.

Le grain ne s'emploie avec avantage que quand il est à bas prix.

Dans le pays de Birkenfeld, on fait cuire le grain, mais je crois que ce procédé n'offre d'autres avantages que celui d'échapper à la rapacité des meuniers, et que le grain égrugé mérite la préférence.

Du sel.— On pense en Allemagne que le *sel* est de nécessité absolue pour un bon engraissement. Les Suisses disent : 1 livre de sel fait 1o liv. de graisse (2).

Ce n'est pas sans indignation que l'on voit que la nature a placé près de nous des trésors inépuisables, dont nous sommes privés par l'avidité aussi cruelle que mal entendue du fisc. Si le prix du sel était réduit au quart, la consommation en serait bientôt décuplée. Tous les gouvernemens font le commerce de sel, parce que c'est un objet de première et indispensable nécessité, mais tous ne sont pas également avides.

Ainsi les gouvernemens bavarois et prussien vendent le sel environ 3o c. le kilog. En France, on le paie 5o c. le kil., et ce qui est remarquable, c'est que le gouvernement prussien achète son sel de la France, prend un honnête bénéfice, et le revend à ses sujets de la rive gauche du Rhin bien moins cher que ne le paient les Français.

Au moment où j'écris, on agite en France la question de la réduction des droits sur le bétail étranger ; les éleveurs et engraisseurs du centre de la France prétendent qu'ils ne peuvent se passer de la protection du tarif. Croient-ils que l'on puisse engraisser, lorsque l'on n'a quelquefois que 6 fr. par quintal ? c'est-à-dire que si l'on achète 168 fr. un bœuf maigre, on ne le

---

(1) Voyez aussi le mémoire de M. Pabst, *Agronome*, t. II, p. 11, 59 et 117.
(2) 1 *Pfund saiz macht* 10 *Pf. schmalz.*

revend gras, pesant 7 quintaux, que 210 fr.; différence, 42 fr. Que les éleveurs français fassent donc comme nous; qu'ils apprennent à engraisser, qu'ils cessent de mériter le reproche que les Anglais leur ont adressé il y a longtemps, *que les Français ne savent pas faire la viande.*

Presque tous les bœufs de 7 quint. et au-dessus, engraissés sur la rive gauche du Rhin, se vendent en France.

Le prix moyen de la viande de bœuf est ici 25 c. Il y a par bœuf 53 fr. de droit d'entrée en France, et en outre l'octroi des villes, les frais de route, le bénéfice du marchand, les risques et la perte de poids résultant de la marche.

Enfin si l'on conduit d'ici à Paris un certain nombre de bœufs gras, du poids de 8 à 9 quint. l'un, les frais sont de 12 fr. par quint. pour Paris, et 10 fr. pour Metz, qui n'est qu'à 20 lieues de distance. Ainsi l'engraisseur français retire de chacun de ses bœufs au moins 85 fr. de plus que nous.

Une des grandes difficultés dans l'engraissement des bœufs, c'est de bien acheter et de bien vendre.

Estimation du poids des bœufs.—L'estimation du poids des bœufs gras est très-difficile, les bouchers eux-mêmes se trompent souvent; et cependant, après avoir estimé une bête vivante, ils la tuent, la pèsent, et forment ainsi leur jugement, tandis que l'engraisseur, après avoir vendu, n'entend ordinairement plus parler de ses bœufs, et ne peut savoir s'il les a bien ou mal estimés.

De la balance.—La balance, très-utile pour évaluer les progrès de l'engraissement, n'offre que des données incertaines pour le poids.

Les proportions du poids de l'animal vivant à celui de la viande nette varient suivant la race, la taille et le degré de l'engraissement.

Mesure de la circonférence. — L'évaluation du poids par la mesure de la circonférence, est un moyen très-simple, très-peu coûteux, et à la portée de tous.

On peut, quoiqu'il ne soit pas d'une exactitude parfaite, le recommander à ceux qui manquent encore d'expérience à cet égard.

Voici les notes que j'ai reçues de Roville en 1828. (Voir les *Annales de Roville*, 5ᵉ et 8ᵉ livraison.)

«Cette mesure doit se prendre à l'avant-main, en passant par-dessus le garrot et entre les jambes, en avant de l'un des avant-bras et en arrière de l'autre.

»On prend la mesure en 2 fois, en passant la seconde fois derrière l'avant-bras, en avant duquel on avait passé la première fois. On prend le terme moyen entre les deux mesures.

»La mesure d'un bœuf de 350 liv. de viande nette est de 1 m. 82 centim.

»Celle d'un bœuf de 700 liv., 2 m. 29 cent. Il y a donc 47 cent. entre ces deux extrêmes. Cette partie du cordon se divise dans le rapport qui suit, en partant du point le plus bas (les premières divisions ont 7 cent. forts, et les autres, 6 cent. faibles).

» Ainsi, un bœuf de 350 liv. chair nette aura 182 centim. de circonférence.

» Ce procédé vient de la Flandre.

» Par viande nette on entend la viande pesée sans les rognons, c'est-à-dire sans le suif.

» En mesurant on doit prendre les plus grandes dimensions, en passant le cordon sur le point le plus élevé du garrot, et sur la saillie que présente l'articulation de l'avant-bras avec l'épaule. »

Voici le tableau que contient la 8ᵉ livraison des *Annales de Roville*, avec quelques légères modifications aux premières indications de M. de Dombasle.

Mesure métrique.	Poids du bœuf.	Mesure métrique.	Poids du bœuf.	Mesure métrique.	Poids du bœuf.	Mesure métrique.	Poids du bœuf.	Mesure métrique.	Poids. du bœuf.
mètres.	livres.	mètres.	livres.	mètres.	livres.	mètres.	livres.	mètres.	livres.
1,81	350	2,00	471	2,19	616	2,38	800	2,57	1000
1,82	356	2,01	478	2,20	625	2,39	810	2,58	1012
1,83	362	2,02	485	2,21	633	2,40	820	2,59	1025
1,84	368	2,03	492	2,22	641	2,41	830	2,60	1037
1,85	375	2,04	500	2,23	650	2,42	840	2,61	1050
1,86	381	2,05	507	7,24	660	2,43	850	2,62	1062
1,87	387	2,06	514	2,25	670	2,44	860	2,63	1075
1,88	393	2,07	521	2,26	680	2,45	870	2,64	1087
1,89	400	2,08	528	2,27	690	2,46	880	2,65	1100
1,90	406	2,09	535	2,28	700	2,47	890	2,66	1112
1,91	412	2,10	542	2,29	710	2,48	900	2.67	1125
1,92	418	2,11	550	2,30	720	2,49	910	2,68	1137
1,93	425	2,12	558	2,31	730	2,50	920	2,69	1150
1,94	431	2,13	566	2,32	740	2,51	930	2.70	1162
1,95	437	2,14	575	2,33	750	2,52	940	2,71	1175
1,96	443	2,15	583	2,34	760	2,53	950	2,72	1187
1,97	450	2,16	591	2,35	770	2,54	962	2,73	1200
1,98	457	2,17	600	2,36	780	2,55	975	»	»
1,99	464	2,18	608	2,37	790	2,56	987	»	»

J'ajouterai qu'il est essentiel que l'animal soit placé bien droit, les pieds de devant sur la même ligne, le cou dans une direction horizontale.

Il est inutile de dire que le cordon ou la courroie dont on se sert ne peut présenter la mesure exacte, s'il est succeptible d'une extension plus ou moins grande.

Depuis 6 ans que j'ai connaissance de ce procédé, j'ai trouvé que, quand les bœufs sont amenés à un haut point de graisse, la mesure indique un poids inférieur au poids réel, et ceci me semble facile à expliquer. Au commencement de l'engraissement, la nature travaille sur le tissu cellulaire, sur l'extérieur de l'animal, dont la circonférence augmente sensiblement. Ce n'est que plus tard que se forme la graisse intérieure, et l'animal augmente en poids et en valeur sans que la circonférence augmente dans la même proportion. La mesure ne peut non plus indiquer la quantité de suif que contient un bœuf, et cette quantité, qui peut varier beaucoup, augmente ou diminue la valeur de la bête. On doit observer que l'on dit ici *viande nette sans les rognons*, et que cependant les rognons se pèsent généralement avec la viande; en outre, le rapport de la circonférence au poids pourrait bien varier dans les diverses races de bêtes·

Il est donc important et indispensable à tout engraisseur de savoir apprécier par les maniemens les qualités d'un bœuf à engraisser et d'un bœuf gras, et d'évaluer le poids au moins très-approximativement. Ce talent ne peut s'acquérir que par la pratique.

La balance peut servir à faire des expériences comparatives très-intéressantes sur la faculté engraissante des divers fourrages, et sur la plus ou moins grande disposition à engraisser de différens animaux nourris de la même manière; elle fait aussi connaître, et ceci est d'une grande importance pour l'engraisseur, quand l'animal n'augmente plus en poids de manière à payer la nourriture.

J'ai engraissé en même temps des bœufs dont l'un gagnait chaque jour 4 livres, tandis qu'un autre ne gagnait pas 2 livres, toutes circonstances d'ailleurs égales. C'est une question importante de savoir jusqu'à quel point on doit pousser l'engraissement. Si l'on met en graisse un bon bœuf déjà en chair et *sart*, c'est-à-dire possédant les dispositions à engraisser, en trois mois il devra être *gras* de manière à fournir de belle et bonne viande; mais, si on veut le pousser au *fin gras*, il faudra le nourrir encore peut-être trois mois, et il augmentera de poids dans une proportion toujours moindre. Dans les derniers temps, il consommera à la vérité moins, et la viande acquerra plus de valeur;

c'est alors que se forme la graisse intérieure, le suif, dont la quantité peut varier dans une proportion très-considérable; mais il s'agit pour l'engraisseur de savoir si cett' augmentation de valeur lui sera payée de manière à l'indemniser de la plus longue durée de l'engraissement.

Je crois qu'en général le *fin gras* n'est pas assez payé, et que l'engraisseur trouvera qu'il a plus de profit à engraisser deux bœufs l'un après l'autre, chacun pendant 3 mois, qu'un seul bœuf pendant six mois. Un bœuf en graisse doit augmenter en poids au moins de 2 livres par jour.

Effets des spiritueux.—Des expériences faites en Allemagne paraissent prouver que, de toutes les substances nutritives *l'alcool* est celle dont les effets sont les plus prompts et les plus certains.

Les *résidus de distillerie* sont d'autant plus nourrissans, qu'ils contiennent plus de parties alcooliques.

L'eau-de-vie favorise l'engraissement.—On a trouvé d'un grand effet l'*eau-de-vie* pure dans les 4 dernières semaines de l'engraissement, commençant par 1/8 de litre, et allant jusqu'à 1 litre. On a aussi indiqué comme favorisant l'engraissement *le soufre, l'antimoine*, etc.; mais ces moyens exigent trop de précaution et de lumières dans leur emploi pour pouvoir être généralement recommandés.

L'eau-de-vie ne peut être employée que là où elle est à très-bas prix. Il y a bien des endroits de l'Allemagne où le prix ordinaire est de 15 à 20 c. le litre; elle vaut ici actuellement 16 fr. l'hectolitre.

Engraissement des vaches.—Les vaches s'engraissent de la même manière que les bœufs. Elles engraissent mieux étant pleines : aussi est-ce une grande erreur que de leur refuser le taureau.

La vache dont la chaleur n'est pas satisfaite ne jouit pas de la tranquillité nécessaire pour un bon engraissement.

On doit chercher à faire en sorte que la vache soit peu avancée dans la gestation, lorsqu'elle sera livrée à la boucherie. Plus elle sera près de son terme, moins elle aura de suif.

Une vache en graisse ne doit pas être traite. Les alimens ne peuvent servir à la fois à la production du lait et de la graisse. On doit donc faire tarir la vache que l'on met en graisse. Pour cela, après avoir trait, on asperge chaque fois le pis d'eau froide que l'on jette contre avec la main. On trait ensuite une fois seulement en 24 heures, puis on éloigne de plus en plus les traites à mesure que le lait diminue.

Ces précautions sont nécessaires pour prévenir des engorgemens qui feraient souffrir la vache et pourraient occasionner des abcès.

Engraissement des veaux.—L'engraissement des veaux ne peut être pratiqué que dans le voisinage de grandes villes où la viande a un prix élevé.

Lorsque le prix du veau est d'environ 20 c. la livre, comme ici, on vend les veaux le plus tôt possible : rarement passent-ils l'âge de 8 jours. Aussi je ne connais par ma pratique d'autre méthode d'engraisser les veaux que celle qui consiste à leur donner du lait à discrétion; et cette méthode, qui est la plus simple, paraît être aussi la meilleure. On les laisse téter, ou on leur fait boire au baquet le lait qui vient d'être trait.

L'engraissement des veaux est considéré comme un placement avantageux du lait.

Un cultivateur près de Metz vendait à l'âge de 6 à 8 semaines les veaux engraissés de lait seul, au prix de 30 cent. du poids de l'animal vivant, ou 50 c. de viande nette. Il estime qu'un veau gagne par jour en poids 2 à 3 livres. Passé 6 à 8 semaines, l'augmentation de poids diminue sensiblement.

Les veaux mâles augmentent beaucoup plus que les femelles.

Un autre cultivateur qui s'est livré à l'engraissement des veaux me fournit les notes suivantes :

» On engraisse les veaux avec du lait seulement.

» On les fait boire au baquet dès leur naissance.

» Ils consomment en moyenne dix litres de lait par jour en 2 repas, et produisent 2 livres de viande.

» On les vend à l'âge de 6 ou 7 semaines ; passé cette époque, ils consomment plus et produisent moins.

» On les vend à raison de 28 c. la livre (poids brut).

« Le lait se trouve ainsi vendu à 5 c. 1/2.

» 13 livres de lait font 1 livre de beurre à 75 c.

» Le lait se trouve ainsi vendu à 5 c. et 3/4.

» En faisant du beurre, on a le gros lait, mais aussi de l'embarras et des frais de plus.

» Le poids de l'animal vivant est à la chair nette comme 7 : 4.

» Les mâles consomment et produisent plus que les génisses.

» Ils sont préférables.

» Il y a plus de différence entre les individus qu'entre les races. »

Selon M. de Dombasle (*Ann.*, 2ᵉ liv. 1825), les veaux que l'on engraisse consomment dans le premier mois 6 litres de lait par jour. Leur accroissement est de 9 à 12 livres par semaine. (Il est à remarquer que M. de Dombasle travaillait sur la très-petite race du pays qu'il habite.) L'emploi du lait est ainsi plus profitable qu'en faisant du beurre.

Selon V. Favre, un bon veau de 3 semaines donne en viande nette les 2,3 de ce qu'il pesait en vie.

A une époque où la viande de veau se vendait ici dans les boucheries 15 c., j'ai fait tuer pour mon ménage plusieurs veaux de 8 à 10 jours, au poids d'environ 50 livres de viande nette.

Ainsi, voilà les proportions de la viande nette au poids de l'animal vivant dans quatre endroits différens :

B., *cité plus haut*,	60 pour 100
L., *id.*,	57
V. Favre,	66
Rittershof,	62

La province de Norfolk en Angleterre fournit des veaux qui lui sont particuliers. On les laisse accompagner leur mère jusqu'à ce qu'ils aient un an, et quelquefois davantage ; la mère est toujours extrêmement soignée ; on la traite pendant tout le temps qu'elle nourrit comme les bêtes qu'on engraisse , et il n'est pas rare qu'elle engraisse en effet assez pour être envoyée au marché avec son veau, qui pèse quelquefois autant qu'elle. (*Cours d'Agriculture anglaise.*)

Il est bien reconnu que la chair de veau de première qualité ne s'obtient qu'en engraissant, avec du lait. Les œufs sont le meilleur supplément ; après vient le pain, puis la farine.

On engraisse dans les environs de Hambourg beaucoup de veaux. On les éloigne de leur mère dès leur naissance, et on les fait boire au baquet. Les veaux sont placés dans un local éloigné du bruit, suffisamment chaud, peu éclairé, et chacun est placé dans une petite stalle, large seulement d'environ 2 pieds, où il ne lui est pas possible de se retourner, ni de se lécher.

Quel que soit le procédé suivi, c'est encore ici le cas de dire qu'il faut pour réussir de l'ordre et des soins assidus.

LAITERIE.

Considérations générales.

Il n'y a point d'exploitation agricole qui soit absolument sans vaches.

La laiterie n'est pas toujours une branche importante de l'économie rurale, mais au moins est-elle toujours un objet intéressant pour le ménage champêtre.

Je crois que l'agriculture française entretient généralement trop peu de vaches. Le laitage fournit un aliment sain et agréable, qui diminue la consommation du pain; les vaches produisent du fumier qui augmente la fertilité des terres, double motif pour que le cultivateur ait plus de grains à vendre.

Dans bien des positions, la vente du lait ou du beurre offre des profits qui ne sont pas à dédaigner.

Bien des ménagères allemandes entretiennent leur ménage, avec elles et leurs enfans, des produits de la laiterie.

En Saxe, dans les grandes fermes, c'est la maîtresse qui a, comme dans les petites exploitations, outre la direction du ménage, celle des vaches, dont le nombre est souvent de 30, 40 et plus, et de la laiterie. On trouve, nous dit Schmalz, occupées à laver elles-mêmes le beurre, la femme du propriétaire-cultivateur comme celle du fermier, des dames distinguées par leur éducation et leurs manières.

Les femmes coopèrent ainsi activement à la direction et à la prospérité de l'établissement; elles ont des occupations qui conviennent très-bien à leur sexe, et qui sont à la fois agréables et utiles.

Le premier soin pour assurer le succès de la laiterie est de se procurer de bonnes vaches qui paient le mieux le fourrage qu'elles consomment.

Produit des vaches en lait.

Le produit des vaches varie à l'infini, selon qu'elles possèdent à un plus ou moins haut degré la faculté de convertir en lait les alimens, selon leur nourriture, leur taille, etc.

Il est fâcheux que tous ceux qui ont écrit sur cette matière n'aient pas indiqué la nourriture des vaches en même temps qu'ils ont donné la quantité de lait qu'elles produisaient.

Roville. — M. de Dombasle, avec la petite race de vaches des environs de Roville, estime la nourriture d'une vache à 30 livres de foin par jour, et le produit à 1416 litres de lait par an. 14 à 15 litres de lait étant nécessaires pour 4 livres de beurre, le produit en beurre sera très-près de 100 livres aussi par an et par vache.

Ce produit, considéré d'une manière absolue, est bien peu considérable, mais aussi les vaches consomment peu. Je n'évalue pas à moins de 30 livres de foin, ou l'équivalent, la nourriture de mes vaches, et il y a bien des grandes vaches qui en consomment certainement 40 livres.

Cependant je ne crois pas que l'on puisse être satisfait de la quantité de lait obtenue des vaches de Roville.

Flandre. — Selon Schwerz, une bonne vache flamande donne par jour 12 à 18 pintes de Paris, de lait.

Angleterre. — Nous lisons dans Sinclair : « M. Carwen estime ainsi le produit qu'on peut tirer des vaches à lait : en moyenne, chaque vache d'une bonne race, et bien nourrie, produira annuellement 3,739 litres de lait. »

Glan. — Sur le Glan, on estime qu'une très-bonne vache doit donner, en été, fraîche et nourrie de trèfle vert, 24 litres de lait par jour.

Suisse. — Il y a des vaches suisses de très-grande taille qui donnent une quantité de lait encore beaucoup plus considérable; mais, je le répète, ce qui nous manque essentiellement, c'est de connaître le rapport de la nourriture consommée à la quantité de lait produite par les vaches.

Produit en beurre.

Voici les diverses indications de la quantité de beurre que l'on peut obtenir des vaches :

Hofwyl. — A Hofwyl, 166 livres de beurre sont le produit annuel d'une vache (vache suisse de très-forte taille).

Campine. — Selon Schwerz, dans la Campine aussi, par an et par vache, 200 livres de beurre.

Polders. — Dans les Polders, une vache qui pâture, 280 livres ; dans les mêmes, une vache bien soignée, mais médiocrement nourrie, 150 livres.

« On trouve, dit encore Schwerz, dans la partie nord de la Campine, des vaches achetées en Hollande, et qui, nourries ici à l'étable, donnent, fraîches, jusqu'à 2 livres de beurre par jour.

» J'ai vu (c'est toujours Schwerz qui parle) chez les moines de la Trappe, à Westmail, deux vaches de la Frise qui, fraîches, donnaient chacune jusqu'à 2 livres et demie de beurre par jour.»

Pays-Bas. — On peut admettre pour les Pays-Bas qu'une vache bien nourrie, hiver et été, donne par an 200 livres de beurre, et médiocrement nourrie, mais bien soignée, 150 livres.

Angleterre. — A Young, Northampton, il y a des vaches qui donnent une quantité de beurre vraiment étonnante, jusqu'à 12 livres par semaine. Dans une laiterie de 40 vaches, il y en a au moins une qui fournit cette quantité. On peut compter pendant toute l'année sur 5 livres de beurre que fournit chaque vache. (5 livres par semaine donnent par année 260 livres.)

Voigtland. — On vante en Allemagne, pour la laiterie, la race du Voigtland (Saxe), mais je ne trouve pas d'indications précises de la quantité de lait et de beurre qu'on peut en obtenir.

Local de la laiterie.

Un objet essentiel et trop négligé dans les fermes, c'est le local dans lequel on conserve le lait. Non-seulement le lait, et par suite le beurre, contractent très-facilement un mauvais goût, mais aussi on éprouve une perte sensible de beurre, si la température est trop basse ou trop élevée pour la complète séparation de la crême.

Une bonne laiterie devrait être une cave voûtée où l'on puisse à volonté établir un courant d'air ; que l'on puisse chauffer en hiver ; où l'on ait à sa disposition de l'eau dont l'écoulement soit facile ; où le sol et les murs soient disposés de manière à pouvoir entretenir une rigoureuse propreté.

Laiteries de la Saxe. — Dans une partie de la Saxe (Erzgebirge), pays de montagnes et où les eaux abondent, chaque paysan a sa laiterie d'été devant sa porte ; c'est une auge en bois dans laquelle l'eau se renouvelle continuellement. Elle est fermée par un couvercle qui permet la libre circulation de l'air, et les vases qui contiennent le lait y nagent dans l'eau fraîche.

On a si bien reconnu les avantages de cette méthode qu'on l'a introduite dans de grandes fermes, en établissant dans le milieu de la laiterie un bassin traversé par une eau courante, et dans lequel on place des vases à lait en été.

En hiver, ils sont rangés sur des tablettes disposées autour de la laiterie qui est alors chauffée par un poêle.

Température. — La température la plus favorable à la séparation de la crême est celle de 8 à 10 degrés. On doit donc chercher à procurer à la laiterie cette température, en hiver comme en été. (Chaptal et Schmalz.)

Propreté nécessaire. — La laiterie, tous les ustensiles qui en dépendent, et la personne qui soigne le lait, doivent être d'une propreté rigoureuse ; il ne suffit pas que les ustensiles en bois soient lavés et essuyés, on doit encore les exposer à l'air et les laisser sécher. Sans cette précaution, ils prennent facilement un léger goût de moisi, qu'ils communiquent au beurre.

Ustensiles.

Seaux et baquets. — Tant pour traire que pour transporter le lait, de légers baquets en sapin sont très-convenables. En les marquant intérieurement, ou au moyen d'une jauge, on connaît facilement la quantité de lait obtenue chaque jour.

Les cercles en bois ne peuvent être tenus parfaitement propres ; par cette raison, on doit préférer ceux en fer, sous la condition qu'ils seront maintenus exempts de rouille, clairs et polis.

Dès qu'il arrive dans la laiterie, le lait est vidé des seaux à traire dans des pots, en le passant à travers un canevas suffisamment serré pour arrêter toutes les impuretés qui pourraient y être tombées dans l'étable

Pots et vases à lait. — Les pots à lait généralement employés, hauts et étroits, sont commodes comme ustensiles de ménage : ils occupent peu de place, on les transporte facilement et sans répandre le liquide, mais ils sont certainement les plus défavorables pour la séparation de la crème.

Des essais comparatifs ont fait connaître que l'on obtient sensiblement plus de crème dans les vases en terre que dans ceux en fonte vernie ou en fer-blanc. Les vases en bois ont donné les mêmes produits que ceux en terre ; par vases en terre, j'entends ceux en grès. La poterie commune est mal vernissée : l'émail se détache promptement ; cet émail de plomb est nécessairement malsain, le lait s'imbibe dans la terre, et les pots deviennent malpropres.

Dans les pays où l'on a apporté le plus de perfection à la fabrication du beurre, on emploie des vases peu profonds et présentant beaucoup de surface.

La chimie vient à l'appui de cette pratique, et nous affirme que la crème se sépare du lait avec d'autant plus de facilité que les vases présentent plus de surface au contact de l'air. (Chaptal.) On recommande les vases en zinc ; je ne connais pas leur mérite sous d'autres rapports, mais ils ont au moins le défaut d'être chers.

Dans le Holstein, les vases qui sont en bois ont 6 pouces de profondeur sur 23 de largeur. On ne les remplit jamais entièrement, et d'autant moins que la température est plus chaude.

Mais avec ces vases il faut encore, bien moins qu'avec les autres, laisser séjourner la crème sur le lait jusqu'à ce qu'il soit aigre, ou les placer même dans le four ou dans tout autre endroit fort chaud, usage détestable que l'on ne trouve que trop chez les paysans. Ils obtiennent ainsi moins de crème, d'un goût fort, et recouverte sur chaque pot d'une épaisse peau jaune.

Moment le plus convenable pour écrémer.

Pour obtenir le beurre le plus délicat, on n'attend pas que le lait soit caillé. On écrème ordinairement au bout de 24 heures en été, et jusqu'à 72 h. en hiver.

Dans les grandes laiteries du Holstein, où l'on ne laisse pas cailler le lait, on conserve la crème dans une cave destinée à cet usage, couverte de manière à ne pas intercepter entièrement l'air, et on la remue plusieurs fois par jour jusqu'à ce qu'elle soit suffisamment épaissie. L'hiver, on la place dans une chambre chaude. La température de 20 degrés est la plus favorable.

Un objet important est de ne pas laisser aigrir la crème jusqu'au moment où elle passe dans la baratte. Mais il convient de la laisser épaissir et de ne pas la battre immédiatement.

Quoique le beurre le plus parfait doive être obtenu de la crème séparée du lait avant qu'il soit caillé, cependant on fabrique de très-bon beurre dans bien des pays où l'on laisse cailler le lait.

« Je ne veux pas, dit Schwerz, contester ce fait ; mais la chose essentielle n'est pas la méthode que l'on suit. Je me suis convaincu dans mes voyages qu'en ceci, tout ou presque tout, dépend de la nourriture des vaches, de la propreté, et des soins apportés à la fabrication du beurre. »

Ainsi, il faut, pour obtenir de bon beurre, bien nourrir les vaches, entretenir dans la laiterie, et dans tout ce qui en dépend, une rigoureuse propreté,

et si on laisse cailler le lait, ne pas le laisser aigrir, encore moins laisser aigrir
la crème.

Dans une partie des Pays-Bas, où on laisse cailler le lait, on n'écrème pas
pour battre la crème séparément, mais on jette tout à la fois dans la baratte
lait caillé et crème.

Ceci explique comment dans la Flandre on fait, pour la nourriture des
hommes, une grande consommation de lait de beurre, et comment on nourrit les veaux de lait de beurre.

Proportion du beurre au lait.

La proportion du beurre au lait peut varier considérablement, selon la
nature des vaches, leur nourriture, selon qu'elles sont plus ou moins avancées
dans la gestation.

Une vache fraîche donne plus de lait, mais il est léger. A mesure que la
quantité de lait diminue, il devient plus riche en beurre.

Le lait qui séjourne plus long-temps dans les mamelles est plus riche que
celui qu'on extrait à mesure qu'il se forme ; ainsi on croit que si on trait une
vache trois fois par jour au lieu de deux fois, on obtient plus de lait, mais
non plus de beurre.

On croit que déjà, dans le pis de la vache, les parties butireuses, comme
plus légères, tendent à rester en haut.

On explique ainsi pourquoi le premier lait tiré doit être plus séreux, et le
dernier avoir plus de consistance et fournir plus de beurre.

Baratte.

Un des meubles importans de la laiterie, c'est la baratte. Il y en a de beaucoup
de formes. La plus défectueuse est celle qui est le plus généralement employée.
De forme cylindrique, un peu plus large en bas qu'en haut, elle est placée
debout, et le battage s'opère en frappant et agitant la crème du haut en bas,
au moyen d'une planchette ronde fixée au bout d'un long manche. Cette manière de battre le beurre est longue et fatigante ; on ne peut battre que peu à
la fois ; elle est en outre malpropre. La crème jaillit au dehors, une partie
atteint les mains de la personne qui bat, et coule de nouveau dans la
baratte.

On a recommandé la baratte en forme de tonneau. Elle est couchée, et
quatre ailes, fixées à un axe qui la traverse dans sa longueur, agitent la crème.
On tourne au moyen d'une manivelle. Avec cette baratte on peut battre
une plus grande quantité de crème ; mais l'opération est longue et pénible, et
il s'échappe toujours plus ou moins de crème par les fonds du tonneau, là où
ils sont traversés par les extrémités de l'axe, et elle est difficile à nettoyer
intérieurement.

On a encore annoncé une baratte américaine en forme de berceau, une
autre en tôle qui a la forme d'un cylindre et qui se meut par un mouvement
de va-et-vient, et plusieurs autres encore.

Baratte du Holstein.

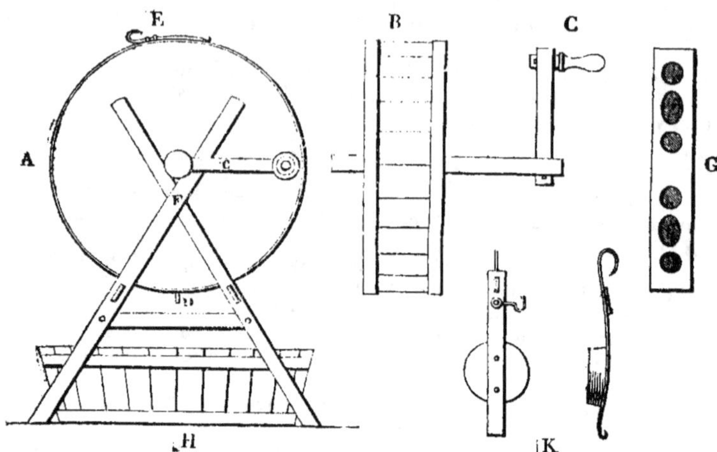

A La baratte, vue de face.
B La même, vue de côté.
C La manivelle.
D La broche qui ferme le trou de vidange.
E, K La porte.
F Le chevalet qui supporte la baratte. (On peut lui donner toute autre forme qu'on jugera convenable.)
G La planchette qui se place intérieurement dans la baratte,
H Baquet servant à recevoir le lait de beurre.

La seule bonne baratte que je connaisse, et qui est celle dont je fais usage depuis plusieurs années, est la baratte du Holstein, dont je donne ici le dessin et la description.

Cette baratte est très-facile à mouvoir. Elle tourne tout entière, tandis que les autres, en forme de tonneau, sont immobiles, et que la crême n'y est agitée que par les ailes placées dans l'intérieur.

Celle-ci a en outre l'avantage d'être facile à nettoyer intérieurement, d'être d'une construction fort simple, et de n'être pas chère.

Elle est faite chez moi en bois de sapin qui reste toujours blanc. Les deux cercles sont en fer.

La planchette mobile G qui traverse la baratte est en bois de hêtre; elle sert à diviser la crême, lorsqu'elle tombe d'un côté à l'autre dans le mouvement de rotation.

Les trous dont elle est percée contribuent à mieux diviser la crême.

Cette planchette a 6 pouces de largeur, 3 lignes d'épaisseur, et la longueur du diamètre intérieur de la baratte. Elle traverse l'axe de la manivelle et se trouve ainsi maintenue dans sa position.

La porte de la baratte est ovale; elle est mobile, c'est-à-dire qu'elle n'est pas fixée à la baratte par une charnière, mais qu'elle s'en détache complètement, et qu'il ne reste après la baratte que deux petits tenons en fer.

Cette porte est garnie d'une bande en fer, épaisse d'environ 2 lignes, large de 15 lignes, qui fait ressort; une extrémité de cette bande de fer est recourbée, on l'accroche dans un tenon, on place la porte, on appuie et on arrête, au moyen du crochet qui se trouve fixé à l'autre extrémité de la bande de fer. Cette fermeture, simple et solide, ne peut s'ouvrir par le mouvement de la baratte.

Avec cette baratte de 2 pieds de hauteur et 8 pouces de largeur, on peut battre 12 à 15 livres de beurre.

Il est à observer qu'elle ne doit être remplie de crème qu'aux 2/3, et qu'on ne doit pas tourner trop rapidement, pour que la crème puisse tomber d'un côté à l'autre.

Chez moi, une demi-heure suffit ordinairement pour obtenir le beurre, et, comme je l'ai déjà dit, on ne doit pas chercher à l'obtenir en moins de temps. Si le battage ne dure au moins une demi-heure, on a perte sur la quantité de beurre obtenue.

Au côté opposé à la porte, est un trou fermé d'une broche en bois, qui sert à faire sortir le lait de beurre, lorsque le beurre est pris, et qui établit un courant d'air pour sécher intérieurement la baratte lorsqu'elle est vide.

Récapitulons ses avantages. On peut en diminuer ou augmenter les dimensions de manière à y battre de 1 livre jusqu'à 25 de beurre. On obtient le beurre promptement ; elle est très-facile à mouvoir et facile à nettoyer ; à ces avantages, elle joint encore celui d'être moins chère que les autres barattes en forme de baril.

Température et conditions de la crème.

Dans les grandes chaleurs comme dans les grands froids, le beurre prend difficilement.

On y remédie d'abord en plaçant la crème dans un endroit qui a la température convenable, ensuite en rafraîchissant ou échauffant la baratte avec de l'eau ; on pourrait même faire tourner la baratte dans l'eau.

La température de la crème doit être de 10 degrés lorsqu'on la met dans la baratte. La chaleur augmente de 1 degré par le battage.

A 12 degrés 1/2 on obtient la plus grande quantité.

A 10 degrés 1/2 on obtient le meilleur beurre.

On a reconnu que quand les vaches sont avancées dans la gestation, le beurre prend difficilement. Par cette raison, dans les marcaireries de l'Allemagne où toutes les vaches font le veau à la même époque, on a soin d'avoir au moins une vache fraîche, pour le temps où les autres sont vieilles de lait. La crème provenant de cette seule vache suffit pour remédier au mal.

Moyen de colorer le beurre.

Un excellent moyen très-utile en hiver pour colorer légèrement le beurre, consiste à verser dans la baratte, au moment où le beurre est près de prendre, du jus de carotte, dans la proportion d'environ une cuillerée pour une livre de beurre, plus ou moins, selon que les carottes sont plus ou moins foncées en couleur.

On râpe les carottes et on exprime le jus à travers un linge.

Outre que l'on donne ainsi au beurre une légère teinte jaune, on lui communique en même temps un goût agréable. Des ménagères prétendent même que ce moyen facilite l'extraction du lait de beurre.

Délaitage.

Lorsque le beurre est formé, on le sort de la baratte, et on le sépare du lait de beurre, en le pétrissant dans de l'eau fraîche, puis en le battant sur un plateau en bois.

Il y a des personnes qui se servent d'un couteau en bois avec lequel elles divisent le beurre dans tous les sens, pour en faire sortir le lait de beurre et tous les corps étrangers qui pourraient s'y trouver.

L'expression parfaite du lait de beurre est une condition indispensable pour obtenir du beurre qui se conserve ; le beurre frais, qui doit être consommé immédiatement, a un goût plus agréable lorsqu'il y reste un peu de lait de beurre.

On trouve dans le Holstein que le lavage à grande eau lui enlève de son parfum, et l'on ne fait usage d'eau fraîche, ou même de glace, si l'on en a, quedans les grandes chaleurs, lorsque le beurre est mou au sortir de la baratte.

Salaison du beurre.

Il se fait dans le Holstein un commerce considérable de beurre salé ; voici la manière dont on le prépare :

Après avoir exprimé le lait de beurre, on couvre le beurre de sel, et on le laisse s'en pénétrer pendant un espace de 12 à 24 heures. Alors on le pétrit et on le bat. On le laisse reposer de nouveau pendant 24 heures. On y ajoute encore quelques poignées de sel, et l'on recommence le pétrissage et le battage.

Le beurre est travaillé jusqu'à ce qu'on en ait extrait la dernière goutte de lait, et qu'il soit sec et semblable à de la cire. Il est alors mis dans les vases destinés à le contenir ; si ce sont des barils, ils sont en bois de hêtre.

Avant d'employer le sel, on le sèche et on le broie.

Si au bout de 7 à 8 jours on s'aperçoit que le beurre s'est tassé, et qu'il s'est formé du vide entre lui et les parois des vases, on prépare une forte saumure en saturant de l'eau de sel épuré, et on la verse froide et peu à peu sur le beurre, jusqu'à ce qu'il en soit bien recouvert. Les pots ou barils contenant le beurre ainsi salé sont placés dans un lieu frais.

Le beurre de mai est d'une belle couleur et d'un goût délicat, mais ne se conserve pas. Le meilleur à saler et à conserver est le beurre d'automne.

Beurre fondu.

Le beurre que l'on fond pour les provisions du ménage doit être fondu au bain-marie.

Emploi du lait de beurre pour faire du pain.

Avant de terminer ce qui est relatif à la fabrication du beurre, j'indiquerai un emploi du lait de beurre qui n'est pas assez connu, et qui consiste à l'employer au lieu d'eau pour faire le pain.

On obtient ainsi un pain plus agréable, plus nourrissant, et qui se conserve plus long-temps frais.

Altérations du lait et du beurre.

Voici des notes que j'extrais de la Feuille d'agriculture de Bavière.

Le *lait bleu* provient des alimens, et non d'un état maladif des vaches.

Lait rouge. — Il y a des plantes qui teignent le lait et le beurre qui en provient. La garance, par exemple, colore même les os des animaux.

Mais si le lait étant rouge, le beurre conserve sa couleur naturelle, alors on doit en conclure que le lait n'a été coloré que par un peu de sang qui provient d'une petite plaie, d'une piqûre de mouche, etc., au pis de la vache.

Le *lait* qui caille trop promptement et ne donne que très-peu de crème, est le résultat des vapeurs acides qui, s'accumulant dans les laiteries, sont absorbées par le lait. Les orages produisent ordinairement cet effet.

La *crême amère,* d'un mauvais goût, provient des alimens, par exemple de la paille d'orge.

Beurre rance. — Beurre qui, bon étant frais, prend un mauvais goût au bout de quelques jours.

Si le lait de beurre n'est pas parfaitement extrait, le beurre prend en peu de temps de la rancidité.

Beurre-fromage. — Quelquefois on est dans l'impossibilité de séparer parfaitement du beurre les parties séreuses et caséeuses qui s'y trouvent mêlées. Cela a lieu lorsqu'on laisse trop long-temps séjourner la crême sur le lait caillé, lorsque la température de la laiterie est trop élevée, mais surtout pendant les chaleurs de l'été et par un temps orageux. Le beurre a une apparence de fromage, il est blanc, sans cohésion ; à force de le travailler dans l'eau fraiche, on peut jusqu'à un certain point le remettre, mais pourtant il n'est alors bon qu'à fondre.

Epreuves par le lactomètre.

Je ne terminerai pas ce chapitre sans parler d'un instrument nouveau, le *lactomètre*. Je l'ai fait venir de Paris, et il m'a démontré ce que toutes les ménagères savent déjà, c'est que la quantité de beurre que donne une vache n'est pas en proportion de la crème que fournit son lait. Ainsi, j'ai comparé le lait de trois bonnes vaches, pouvant chacune fournir 5 à 6 livres de beurre par semaine, avec le lait d'une vache qui donnait seulement 1 livre 1|2 de beurre par semaine, et les quatre laits de ces quatre vaches ont donné au lactomètre le même nombre de degrés de crème. Cette dernière vache offrait tous les caractères d'une bonne laitière ; elle donnait effectivement beaucoup de lait, ce lait fournissait suffisamment de crème, mais presque point de beurre. Elle appartenait à un de mes domestiques, qui n'en avait point d'autre, et qui savait ainsi très-exactement ce qu'elle lui rendait. Ce fait et cent autres faits analogues prouvent combien la science est ici incertaine, conjecturale, et combien peu on doit s'y fier. Rien n'est si difficile que d'acheter de bonnes vaches, et c'est une des raisons qui m'ont décidé à élever, quoique j'habite un pays où les bonnes vaches sont moins rares que dans beaucoup d'autres. Je répéterai ce que j'ai déjà dit, c'est qu'une bonne vache, bien faite, douce de caractère, donnant suffisamment de lait, un lait riche en beurre, et qui ne tarit que six semaines avant de mettre bas, une telle vache est un trésor qu'on ne saurait trop payer ; et cependant, bien peu de personnes donneraient pour une vache qui leur serait garantie, 50 francs de plus qu'elle ne vaudrait à une foire où l'on ne pourrait la juger que sur les apparences.

MALADIES DES BÊTES A CORNES.

NOTIONS GÉNÉRALES.

Je ne prétends pas donner un traité des maladies des bêtes à cornes. Cette tâche est au-dessus de mes forces, et je ne crois pas d'ailleurs qu'un semblable traité puisse être d'une grande utilité pour les cultivateurs. Il laisserait toujours subsister la principale difficulté, qui est d'appliquer convenablement les remèdes en sachant distinguer chaque maladie.

Tout cultivateur devrait posséder au moins quelques notions de médecine vétérinaire et d'anatomie, pour être en état de donner des soins aux bêtes dans les maladies et les accidents les plus simples. Mais ceux qui ont acquis quelque instruction théorique et pratique, comme ceux qui n'en ont aucune, doivent bien se convaincre qu'il vaut beaucoup mieux prévenir les maladies qu'avoir à les traiter, et que des soins bien entendus, un bon régime, sont préférables à toute la science vétérinaire qu'accompagneraient le désordre, l'incurie, la brutalité, dont on a si souvent le triste spectacle.

Ce que je ne saurais encore trop recommander, c'est d'être avare de remèdes. Combien de fois n'arrive-t-il pas qu'on se donne l'honneur d'une guérison attribuée aux remèdes, tandis que c'est la *nature seule* qui a guéri *malgré les remèdes!* La nature est bien puissante dans un animal dont tous les organes sont sains.

La première précaution à prendre lorsqu'un animal est malade, c'est de lui retrancher la nourriture, au moins jusqu'à ce qu'on ait pu connaître la nature de son mal; j'entends la nourriture solide, car je crois que la boisson n'est jamais nuisible et qu'elle est souvent nécessaire.

Presque toutes les maladies des bêtes à cornes sont inflammatoires; dans beaucoup de cas la saignée est de nécessité indispensable.

La pharmacie d'une ferme doit contenir une flamme à saigner, un bistouri, un trocar, une seringue, sel de Glauber, sel de nitre, alcali volatil, racine de gentiane. En joignant à cela une paire de ciseaux courbes et une aiguille à sétons, on aura aussi à peu près tout ce qui est nécessaire pour les chevaux.

Avec cela, on peut traiter les maladies simples qui surviennent le plus fréquemment, et pour les autres on n'a rien de mieux à faire que de recourir à un vétérinaire instruit, si l'on est assez heureux pour en posséder un dans son voisinage.

Il existe presque partout dans les campagnes des médecins d'animaux empiriques et très-ignorants. Leurs remèdes sont ordinairement violents, ils emportent le mal ou le malade, et il faut beaucoup s'en défier. Cependant ces hommes ont en leur faveur de l'expérience et une pratique qui leur valent parfois des succès que n'obtiennent pas toujours des vétérinaires instruits, il est vrai, mais dont les études et la pratique n'ont eu pour objet que les chevaux.

Les cultivateurs craignent, et non sans raison, de dépenser de l'argent; souvent la valeur d'une bête malade ne permet pas de faire des frais, et les vétérinaires sont rarement appelés. Aussi je considère comme une chose d'une grande importance pour tout cultivateur qui attache quelque prix à son bétail, d'observer, d'étudier ses bêtes, afin d'acquérir ce coup d'œil exercé, cette habitude du maniement à l'aide desquels il pourra juger avec certitude de l'état d'une bête, s'assurer qu'elle est en parfaite santé, *en condition,* suivant l'expression reçue pour les chevaux; ou si elle n'y est pas, arriver à découvrir ce qui lui manque, quelles causes ont produit le mal et quels moyens peuvent le faire disparaître. Pour cela, il faut d'abord *aimer les bêtes;* je ne me lasserai pas de le répeter, *aimer les bêtes* est la plus sûre garantie de succès, dans l'élève, dans l'éducation et dans l'emploi, quel qu'il soit, des animaux.

Ce qu'on va lire sur la nature et le traitement des maladies des bêtes à cornes, je le dois pour la plus grande partie à l'obligeance de M. Kautz, médecin vétérinaire à Sarrebruck, Prusse rhénane, homme aussi instruit que modeste, qui a étudié à Alfort et qui joint à l'instruction puisée à cette école une pratique de vingt années, dans un pays agricole, où l'on élève et entretient beaucoup de bétail de toute espèce.

Les maladies les plus faciles à reconnaître et à traiter sont : l'*indigestion,* qui peut amener la météorisation, la constipation ou la diarrhée ; la *suffocation,* causée par un corps arrêté dans le gosier; le *mal de fourreau* aux bœufs; la *foulure des pieds;* les *luxations;* les *crevasses* aux paturons et entre les ongles ; les *crevasses* aux jambes des bœufs en graisse ; les *dartres;* les *porreaux;* la *fracture des cornes;* les *plaies;* les *maux de pis* aux vaches; l'*altération du lait,* lait rouge, amer, salé, aigre, bleu ; les *poux;* le *mal au nombril des veaux.*

Les maladies plus dangereuses ou aiguës, qui peuvent devenir mortelles, si elles ne sont soignées tout de suite, sont : le *pissement de sang,* le *coup de sang,* l'*inflammation de la rate,* le *part difficile,* le *renversement du vagin,* la *chute de la matrice,* la *fièvre vitulaire,* la *pulmonie,* enfin les maladies contagieuses, les épizooties qui ne peuvent être convenablement soignées que par un homme de l'art, et dont je ne parlerai que pour indiquer les moyens de les prévenir,

CHAP. 1er. — Maladies faciles à reconnaître et à traiter.

Art. Ier — *De l'indigestion.*

1° *Météorisation.* — Le gonflement de la panse qui se manifeste par l'élévation des flancs, et surtout du flanc gauche, est un symptôme d'indigestion. Cependant ce gonflement peut avoir lieu lorsque l'estomac de l'animal ne contient que peu d'aliments; il est alors occasionné par un développement de gaz, et c'est dans ce cas qu'on lui donne le nom de *météorisation.*

Je l'ai observée plusieurs fois sur des bêtes, paissant dans un champ de trèfle, par un temps sec et venteux, et à l'article de la *Nourriture du bétail,* j'ai dit comment j'ai été amené à acquérir la conviction que c'est dans ces circonstances que le trèfle est le plus dangereux.

Le gonflement peut aussi avoir lieu lorsque l'estomac est surchargé d'aliments.

Voici les soins à donner à une bête, dès qu'on s'aperçoit qu'elle est gonflée :

On commence par lui passer dans la bouche un lien de paille dont les extrémités sont nouées derrière les cornes, et on la promène au petit pas. Elle rend ordinairement par la bouche une grande quantité de vents ; souvent elle commence bientôt à fienter et à uriner, et le mal passe ainsi sans remèdes.

Si le gonflement est considérable, on administre tout de suite l'ammoniaque liquide (alcali volatil), à la dose d'une cuillerée dans un demi-litre d'eau. J'ai vu le flanc s'abaisser instantanément, puis s'élever de nouveau après quelques instants, et le mal céder tout à fait, après deux ou trois doses de ce remède, administrées à dix minutes d'intervalle.

La chaux agit dans ce cas de même que l'alcali. On concasse de la chaux fraîchement calcinée, et on l'emploie tout de suite ; ou bien on la conserve, pour s'en servir au besoin, dans une bouteille hermétiquement fermée. Pour un bœuf ou une vache, on prend une once de cette chaux, qu'on fait dissoudre dans deux litres d'eau chaude, et après avoir bien agité le mélange, on le fait avaler à la bête.

Beaucoup d'autres remèdes ont été indiqués, et peuvent dans quelques cas avoir été employés avec succès; mais comme les gaz qui gonflent l'estomac peuvent être de nature différente, les mêmes moyens ne sont pas toujours efficaces pour les neutraliser.

Ainsi on a recommandé une lessive de cendres de bois, l'eau de savon, le charbon animal, le vinaigre.

Un autre mélange donné comme infaillible par une feuille allemande, et que j'ai déjà fait connaître dans l'*Agronome*, t. III, p. 313, est un mélange d'une partie d'alcali avec deux d'huile de pétrole noir. Je n'ai pas encore eu occasion de l'essayer, mais au lieu de le faire avaler entre deux tranches de pain, comme on le prescrit, ce qui n'est pas sans difficulté ni sans inconvénient, je préférerais l'étendre d'eau, comme l'alcali employé seul.

Si la nécessité devient urgente, on a recours à la ponction.

Les remèdes doivent être administrés avec promptitude; les progrès du mal sont rapides, et souvent la mort survient en peu d'instants par suffocation, apoplexie ou déchirement intérieur. Si la bête attaquée est une vache pleine et déjà avancée dans la gestation, le mal est d'autant plus dangereux.

Lorsque la météorisation n'est causée que par du gaz, le trocar produit l'effet désiré, et l'air s'échappe par la canule. Mais si la panse est remplie d'aliments, alors l'effet du trocar est à peu près nul, et l'ouverture, obstruée par les matières qu'entraîne l'air qui se dégage, est beaucoup trop petite pour opérer un soulagement.

Ce cas s'est présenté une fois chez moi. Une vache était excessivement gonflée, l'ammoniaque n'avait produit aucun effet, deux ponctions avec le trocar n'en produisaient pas davantage; la bête était près de suffoquer, quatre hommes avaient peine à l'empêcher de tomber, en la soutenant au moyen d'un drap passé sous le ventre. Je lui fis alors avec un couteau une incision longue d'environ 6 pouces, et avec la main je sortis de la panse un baquet plein d'aliments. Quinze jours après, cette vache a mis au monde un veau bien portant, et l'opération n'a eu pour elle d'autre suite fâcheuse qu'une plaie dégouttante qui a été longtemps à se guérir; car des points de suture plusieurs fois essayés ne tinrent jamais : ou bien la peau se déchirait, ou bien le fil était promptement décomposé et rompu. Je me bornai alors à tenir la plaie propre, et à couvrir d'un morceau de toile fixé avec de la térébenthine. Une telle opération ne doit avoir lieu qu'à la dernière extrémité, mais il faut la faire à temps.

Les paysans de ce pays-ci emploient l'eau-de-vie comme remède aux indigestions des animaux et des hommes. Ils y ajoutent pour les bêtes à cornes de l'huile. Pour une vache ou un bœuf, on prend eau-de-vie environ 1/4 de litre, avec huile environ 1/8 de litre. On agite bien le mélange, et on le fait avaler à la bête malade. J'ai plusieurs fois employé ce remède avec succès, et il mériterait d'être essayé par des hommes de l'art, là surtout où l'eau-de-vie n'est pas chère.

L'*Agronome*, mars 1833, contient sur la météorisation des bêtes à cornes un excellent article de M. Raspail, dont la théorie vient à l'appui du remède que j'indique. L'huile, outre la propriété de condenser certains gaz, a encore celle d'agir comme purgatif.

Quant au *bâtonnage*, procédé indiqué dans le cahier de février 1833 du même journal, je ne révoquerai pas en doute l'efficacité d'un procédé que l'auteur de l'article dit avoir vu pratiquer avec succès, mais je ne crois pas que ce procédé soit sans danger dans son emploi. Il consiste, après avoir levé et allongé la tête de la bête météorisée, à lui introduire dans la bouche un bâton long d'environ 2 pieds, arrondi par son extrémité, et qu'un homme fait manœuvrer de manière à effectuer l'ouverture de l'œsophage, pour donner passage à l'air et aux aliments contenus dans l'estomac.

Une sonde élastique, terminée par une boule d'étain percée de trous et que l'on introduit par le gosier jusque dans l'estomac de l'animal, a été aussi employée, mais sans succès, parce que les trous se bouchent promptement.

Si une bête gonfle à la pâture, on doit sans tarder faire quitter le champ à tout le troupeau. Dans le cas où plusieurs bêtes seraient gonflées et où leur nombre, ou bien l'éloignement de l'habitation ne permettrait pas de les secourir individuellement, je ne saurais indiquer de meilleur remède que celui de chasser et de faire courir les bêtes comme des pâtres l'ont déjà fait avec succès.

Un meunier, mon voisin, avait toutes ses bêtes à la pâture sur un champ de trèfle ; le gardien, s'apercevant que plusieurs étaient gonflées, se hâta de les ramener à la maison, mais une des vaches se coucha en chemin, et il ne put la faire relever. Le meunier appelé, et considérant la bête comme perdue, voulut au moins en sauver la viande, et se mit en devoir de lui couper le cou avec son couteau. Il avait déjà fait dans le fanon une entaille de 3 à 4 pouces, et le couteau allait atteindre le gosier, lorsque la douleur fit relever la vache, qui gagna son étable et fut guérie. J'ai souvent vu depuis cette vache, et examiné la cicatrice qu'elle portait au cou.

Dans le cas de gonflement des bêtes à laine, les bergers de ce pays-ci les plongent dans l'eau, s'ils en ont à leur disposition, et assurent que ce moyen leur réussit toujours. S'ils n'ont pas assez d'eau pour y plonger la bête, ils lui en versent sur la tête la plus grande quantité possible. Ordinairement ils se servent pour cela de leur chapeau, faute de vase pour puiser ou contenir de l'eau.

Si l'on est forcé de recourir à la ponction, elle doit être opérée au milieu du flanc gauche, à égale distance de la hanche et des côtes (1). La peau et la panse doivent être percées d'un seul coup, et il est bon de prévenir ceux qui n'ont pas encore fait ou vu faire l'opération, que la peau est souvent très-dure, et qu'il faut pour la percer un instrument très-aigu et l'emploi d'une force considérable, ou bien on fait avec le bistouri une incision dans la peau, et le trocar n'a plus à percer que la panse.

Un couteau peut suppléer au trocar, mais il est toujours nécessaire de placer dans l'ouverture un tuyau par lequel s'échappe l'air, ou, à défaut, un morceau de bois. Autrement l'incision de la peau et celle de la panse ne resteront pas vis-à-vis l'une de l'autre, l'ouverture sera ainsi fermée et la ponction ne pourra produire aucun effet.

Les trocars, tels qu'on les trouve à acheter, sont généralement trop petits. La canule doit avoir un diamètre intérieur de 6 à 8 lignes. Elle doit être percée latéralement de trous oblongs, pour faciliter la sortie de l'air. On doit avoir pour un trocar plusieurs canules, afin de pouvoir opérer en même temps plusieurs bêtes.

Quoique nous ayons encore beaucoup à apprendre sur les causes et les remèdes de la météorisation, cependant, avec les moyens qui sont à notre disposition, on doit être à peu près à l'abri de toute perte de bétail. Mais ce qu'il y a de mieux, c'est de prévenir le mal, et c'est encore un des nombreux avantages de la nourriture à l'étable.

Les bêtes gonflent quelquefois pour avoir mangé trop goulument soit du fourrage sec, soit du fourrage vert, et sans qu'elles en aient mangé en trop grande quantité. Il y a des vaches chez lesquelles cet accident est assez fréquent, mais alors le gonflement n'est pas considérable, et je ne l'ai jamais vu avoir des suites fâcheuses lorsqu'on prenait la seule précaution de passer à la bête, dans la bouche, un lien de paille qui l'empêchât de manger davantage.

____

(1) Lorsqu'une bête a l'estomac, ou comme on dit, le ventre vide, il existe un creux fortement prononcé, le creux du flanc, dit en allemand *Hungers-Grube*, la *fosse de la faim*. On peut alors facilement observer le point milieu de ce creux, où la ponction doit avoir lieu, dans le cas de gonflement.

9

Il serait à désirer que l'on pût avoir pour les vaches, non des stalles, comme pour les chevaux, mais des séparations suffisantes pour que chacune pût manger seule et tranquillement sa ration. Dans presque toutes les fermes, on est forcé de ménager l'espace; on place les bêtes par rang de taille, et il en résulte nécessairement des coups de cornes et une répartition inégale de la nourriture.

2° *Indigestion de fourrage sec.* — Une autre indigestion est celle qui résulte de fourrages secs qui ne sont pas suffisamment délayés et qui restent accumulés dans l'estomac. Cette indigestion devient d'autant plus dangereuse que les fourrages sont de mauvaise qualité, poudreux, moisis, etc. Le gonflement plus ou moins prononcé et la constipation, sont les symptômes ordinaires de ce mal. Le premier moyen à employer est de vider le rectum. Pour cela, les ongles étant coupés courts, on introduit dans le rectum la main graissée d'huile, et on extrait successivement tous les excréments qu'on peut atteindre, en enfonçant le bras jusqu'au-dessus du coude. On administre ensuite des lavements émollients et l'on purge avec :

Sel de Glauber, 4 onces ;
Sel de nitre, 1 once.

On fait prendre ces sels séparément dans de l'eau, et on les administre dans une décoction de son ou de graine de lin. Quand on veut faire usage d'eau de son pour lavement ou breuvage, on fait bouillir dans de l'eau du son de blé, puis on passe au travers d'un linge et l'on n'emploie que le liquide. Ce breuvage pourra être répété plusieurs fois, à trois ou quatre heures d'intervalle, jusqu'à ce que la bête ait eu plusieurs évacuations. Tant que le gonflement et la constipation persistent, les aliments doivent être retranchés, mais on doit toujours laisser boire à discrétion. Quelquefois les animaux malades refusent l'eau blanchie de farine et boivent l'eau pure.

Dans le cas d'inflammation, la saignée peut être utile.

S'il n'existe aucun caractère d'inflammation et que l'état de la bête indique la convenance de donner du ton aux organes digestifs, on emploie dès le commencement du mal, *sulfate de soude* (sel double), 2 onces, dissous dans 2 litres d'une infusion de *camomille*, à laquelle on ajoute *racine de gentiane* en poudre, 1 once. Ce breuvage peut être réitéré trois ou quatre fois. L'inflammation est indiquée par l'agitation, par la fréquence et la dureté du pouls, par la respiration courte et accélérée. L'état de la bête, et le régime auquel elle aura été précédemment soumise, serviront aussi de guide dans le traitement à employer.

3° *Indigestion avec diarrhée.* — Les racines, surtout les pommes de terre *crues*, peuvent occasionner une indigestion accompagnée de diarrhée. Les pommes de terre cuites à la vapeur sont une nourriture excellente pour tous les animaux, mais crues elles ont beaucoup moins de valeur, et l'eau de végétation qu'elles contiennent rend leur usage dangereux, si elles doivent faire la base de la nourriture des bêtes. Les feuilles de betteraves, très-peu nourrissantes, donnent promptement la diarrhée aux vaches.

Le moyen de guérison le plus sûr est le changement de régime, mais le mieux est de prévenir le mal en faisant cuire toutes les racines et en y joignant une quantité suffisante de fourrage sec.

Il en est de même de la diarrhée qui peut résulter de la première nourriture verte que l'on donnerait sans précaution, ou en trop grande quantité. Si la diarrhée se prolonge, malgré le changement de régime, la racine de gentiane est un moyen efficace pour rendre du ton à un estomac affaibli.

La racine de gentiane s'emploie pour donner du ton à l'estomac et pour stimuler l'appétit. On la donne à la quantité de 1 à 2 onces par jour, en deux fois, matin et soir, avant le repas, et pendant plusieurs jours de suite. On essaie d'abord de la leur faire prendre en la mélangeant avec du grain égrugé et humecté. Si elles la refusent, on la délaie dans de l'eau et on leur fait avaler le breuvage avec une bouteille.

Tous les breuvages se donnent ainsi au moyen d'une bouteille. Un aide, placé contre l'épaule gauche de la bête, lui saisit le muffle de la main droite, le pouce étant introduit dans le naseau gauche et les autres doigts dans le naseau droit. De la main gauche, il tient la mâchoire inférieure et soulève ainsi la tête de l'animal de manière que le nez soit un peu plus haut que la base des cornes. Une autre personne introduit le goulot de la bouteille dans la bouche, jusque près de la base de la langue ; il fait alors couler doucement le liquide, de manière à laisser à la bête le temps d'avaler. On s'interrompt dès que la bête tousse, et on ne lève la tête que le moins possible.

§ II. — *Suffocation par un corps arrêté dans le gosier.*

Un corps arrêté dans le gosier (l'œsophage), tel qu'une pomme de terre, un navet, une pomme, etc., occasionne un gonflement et amène, s'il n'est expulsé, la suffocation et la mort. Si le danger n'est pas pressant, on doit d'abord laisser agir la bête, dont les efforts parviennent souvent à rejeter ou à faire descendre l'objet qui menace de l'étouffer. Si elle n'y parvient pas, le moyen le plus simple est de faire descendre ce corps au moyen d'une baguette flexible, garnie à son extrémité d'une petite boule qu'on peut faire en linge, et qu'on graisse avant de l'introduire. Rien ne remplit mieux cette indication que la verge séchée d'un bœuf, ce qu'on appelle vulgairement un nerf de bœuf.

Dans un cas urgent, l'animal étant près de suffoquer, et le temps manquant pour préparer une baguette, on a brisé entre deux maillets de bois une pomme de terre arrêtée dans le gosier d'une vache. On appuie un maillet d'un côté et l'on frappe de l'autre côté. Cette opération s'est faite plusieurs fois à ma connaissance, sans occasionner aucune suite fâcheuse.

Il peut arriver qu'une racine longue, une carotte, par exemple, ne soit qu'en partie engagée dans le gosier; on la retire alors avec la main. Pour cela, à défaut d'un instrument appelé *pas-d'âne*, dont les vétérinaires se servent pour les chevaux, on tient à la vache ou au bœuf la bouche ouverte au moyen d'une pincette à feu, qui empêche le rapprochement des mâchoires et permet d'introduire la main jusqu'au fond de la bouche.

Si l'on donne aux bêtes des racines crues, elles doivent être d'abord propres et pour cela lavées, puis coupées, soit avec un coupe-racines, soit avec un fer en S.

Il arrive fréquemment, en automne, que les bêtes dans les cours de fermes, ou dans les champs, échappent à la surveillance des gardiens et arrivent à un tas de racines, où elles mangent d'autant plus goulûment qu'elles savent que c'est pour elles fruit défendu ; on doit alors non pas les surprendre par des cris et des coups, mais les chasser avec précaution, pour leur laisser le temps de mâcher ce qu'elles ont dans la bouche. C'est presque toujours dans de semblables circonstances qu'arrivent des accidents qu'on peut prévenir avec un peu d'attention.

§ III. — *Engorgement du fourreau.*

Les bœufs sont sujets à un mal qui consiste dans une tuméfaction de la partie inférieure du fourreau, entretenue par une ulcération de l'orifice du canal de l'urètre. Ce mal dure quelquefois longtemps, parce que l'urine irrite constamment la partie affectée, et que souvent il s'amasse dans le canal une matière glutineuse qui s'oppose à la sortie de l'urine.

Le traitement consiste à bien nettoyer le fourreau, intérieurement et extérieurement, au moyen de lotions et d'injections émollientes, et en coupant le poil autour de l'orifice du canal, qu'on débarrasse autant que possible de la matière glutineuse. On peut le nettoyer intérieurement en y introduisant le doigt graissé de saindoux. Le saindoux détache les croûtes et la matière qui engorge le canal. L'essentiel est de maintenir la propreté par un pansement journalier, et surtout d'empêcher que l'issue du canal ne soit fermée au passage de l'urine.

Si les fomentations émollientes ne suffisent pas, s'il y a beaucoup de sensibilité et de chaleur, on fait usage de lotions d'eau de Saturne préparée avec

Extrait de Saturne, 1 once;

Eau de fontaine, 3 livres (11/2 litre).

Il peut arriver qu'un bœuf se défende de manière à ne pas permettre le pansement et surtout des injections, sans être abattu. Je vais indiquer pour ce cas une manière très-simple d'assujettir un bœuf sans l'abattre.

L'étable est pour cela l'emplacement le plus convenable. Le bœuf est attaché court et solidement à la mangeoire, dans un coin de l'étable. Un homme qui le tient par les cornes, le pousse et le maintient contre le mur. On lui passe alors entre les jambes de derrière une perche polie de manière à ne pas l'écorcher, une perche à foin, par exemple. Une extrémité de cette perche est fixée à la mangeoire, près et à hauteur de l'épaule du bœuf; l'autre extrémité est tenue par un homme qui soulève une des cuisses, en même temps qu'il appuie le bœuf contre le mur. Le bœuf, ainsi pris, reste ordinairement immobile. On peut panser le fourreau, ou faire toute autre opération, ou ferrer les pieds de derrière. La perche, longue de 12 ou 15 pieds, est un levier qui donne à un seul homme une force bien supérieure à celle qu'auraient plusieurs hommes privés de ce secours. On conçoit que la perche est placée d'un côté ou de l'autre, et le bœuf appuyé contre le mur à droite ou à gauche, selon l'opération qu'on a à faire.

§ IV. — *Foulure des pieds.*

La foulure des pieds est une meurtrissure avec enflure et inflammation des talons. Elle est ordinairement la suite de marches forcées, sur un terrain dur, pierreux, et a lieu surtout pendant la sécheresse et les chaleurs de l'été, ou lorsque la terre est gelée. Elle est accompagnée d'une claudication plus ou moins forte.

Le premier moyen de la guérir est le repos sur une bonne litière. Le traitement consiste dans des lotions et fomentations résolutives : eau froide vinaigrée, application sur les pieds de cataplasmes de bouse de vache, ou de terre glaise, ou de suie délayée dans du vinaigre, et continués jusqu'à cessation de l'inflammation. Si des abcès se forment à la couronne ou aux talons, on en favorise l'ouverture au moyen de cataplasmes émollients préparés avec la mauve ou la graine de lin et fréquemment renouvelés. Il peut ensuite arriver qu'il soit nécessaire d'enlever des portions de cornes pour favoriser l'écoulement du pus. On dessèche plus tard la plaie au moyen de l'essence de térébenthine ou de la teinture d'aloës.

Il peut se faire aussi que, les bœufs marchant sans être ferrés dans un terrain pierreux, les sabots s'usent et se déchirent, et que des portions de corne plus ou moins grandes se détachent, surtout aux pinces, de sorte que les feuillets de chair de la muraille et de la sole soient quelquefois mis à découvert. Pour guérir ce mal, il faut d'abord couper et enlever exactement les parties déchirées, laver et nettoyer les plaies, puis les couvrir de plumasseaux imbibés d'eau-de-vie. Si les plaies donnent une mauvaise suppuration, liquide, sanieuse, on panse avec la teinture d'aloës.

§ V. — *Luxations.*

On entend par *foulure du pied,* une luxation, soit du boulet, soit de l'articulation de l'os de la couronne avec celui du paturon. On la reconnaît à la claudication plus ou moins forte, à la marche sur la pince, au peu de flexion du boulet, à la chaleur, à l'enflure, à la sensibilité de la partie malade.

Si le mal est récent, on emploie des bains d'eau froide, des fomentations de vinaigre, dans lequel on fait dissoudre du sel ammoniac. Pour cela on mêle, eau froide 1 litre, vinaigre 1/2 litre avec deux onces de sel ammoniac. On continue ce traitement jusqu'à ce que l'inflammation soit à peu près dissipée, et on fait alors usage de frictions spiritueuses et de bains aromatiques.

On entend généralement par *luxation* le déplacement d'un ou des os de cavité ou surface articulaire.

Les luxations peuvent être *simples* ou *composées*. Dans le premier cas, un seul os est déplacé de sa cavité articulaire et le déplacement n'est pas accompagné d'autres accidents, tels que déchirement des muscles, des ligaments, etc. Dans le second cas, il y a désunion de plusieurs os qui forment ensemble l'articulation, il y a en même temps déchirement de parties musculaires, de ligaments et de tendons, quelquefois aussi de vaissaux sanguins.

Les luxations sont encore *incomplètes* ou *complètes*, selon que le déplacement de la tête articulaire de l'os est, ou n'est pas entier.

Si, dans la luxation incomplète, la tête articulaire d'un os reprend immédiatement sa place par la seule force et l'action simultanée des muscles qui entourent l'articulation, cela constitue ce qu'on nomme une *distorsion* ou une *entorse*.

La luxation s'annonce par l'impossibilité ou la grande difficulté de mouvoir l'articulation ; par la douleur que témoigne l'animal ; enfin par le changement de forme et de situation de la partie extérieure des os désunis.

Lors de la luxation complète, il y a raccourcissement du membre luxé, tandis que si elle est incomplète, le membre est allongé.

Les luxations sont difficiles à guérir, et elles laissent toujours dans l'articulation qui en a été affectée une faiblesse par suite de laquelle elles reparaissent fréquemment.

La luxation la plus fréquente chez les bêtes à cornes est celle de l'articulation de l'os de la cuisse avec la hanche (articulation coxo-fémorale). Par suite de la conformation de cette articulation, la luxation a lieu bien plus facilement chez les bœufs que chez les chevaux. Si elle est complète, on réussit rarement à la réduire, et il en résulte ordinairement l'atrophie du membre.

On traite la luxation incomplète ou effort de la hanche, immédiatement après qu'elle a eu lieu, par les fomentations d'eau froide, de vinaigre ou d'eau-de-vie, et plus tard par des fomentations spiritueuses plus actives , l'esprit de camphre, l'esprit de savon, des bains aromatiques.

§ VI.— *Crevasses.*

1° *Crevasses aux paturons.*—Les crevasses aux paturons dont sont affectées les bêtes à cornes, sont d'une nature particulière, et différentes de celles dont sont affectés les chevaux.

Elles s'annoncent par une inflammation superficielle, plus ou moins prononcée, de la peau du pli des paturons, ordinairement aux extrémités postérieures, avec engorgement, chaleur et douleur ; plus tard, il paraît de petites vésicules ou pustules, d'où suinte une humeur fétide. Ces vésicules se dessèchent, et il se forme sur la peau de petites écailles qui se dessèchent aussi peu à peu et tombent sous forme de matière farineuse, ou bien ces pustules s'étendent, se réunissent, continuent à laisser suinter une humeur âcre, et donnent lieu à une ulcération par suite de laquelle des parties de la peau se détachent, tombent par lambeaux et laissent des plaies ou ulcères plus ou moins profonds qui, quelquefois, s'étendent sur toute la surface du paturon et entre les ongles. Au début du mal, les bêtes sont plus ou moins gênées dans leur marche; elles tiennent le boulet presque constamment en flexion et ont de la peine à l'étendre. A un plus haut degré du mal, l'engorgement devient quelquefois considérable et gagne le canon, même le jarret et le genou. Alors les bêtes lèvent souvent une jambe, la tiennent haute, écartée du corps, et y témoignent, au moindre attouchement, une grande sensibilité.

Les causes du mal sont ordinairement la malpropreté des étables, la marche dans des chemins boueux et le défaut de pansement. Une disposition interne, un état maladif général, peuvent aussi y donner lieu ou l'entretenir.

Dès qu'on a reconnu l'existence de la maladie, il faut bien nettoyer les pieds, particulièrement aux plis des paturons et entre les ongles, au moyen de fréquentes lotions d'eau tiède et d'eau de savon; couper le poil très-près et placer la bête sur une litière sèche, puis faire usage de lotions et bains émollients décoction de mauve ou de son, dans lesquels on ajoutera un peu d'extrait de Saturne, et qu'on continuera jusqu'à ce que l'engorgement, la tension et la douleur soient diminués, et que de petites croûtes commencent à se former sur les pustules. On achève de les dessécher complétement par des lotions d'eau de Saturne (eau végéto-minérale), ou au moyen d'une solution de vitriol de fer ou d'alun. Ce dernier moyen est surtout à recommander quand des parties de peau se sont détachées et qu'il en est résulté des ulcères et des gerçures plus ou moins profondes. On couvre ensuite ces plaies, après les avoir bien nettoyées, avec des plumasseaux enduits d'onguent digestif simple composé de térébenthine commune, une once, battue et délayée dans un jaune d'œuf. On peut encore panser avec l'onguent égyptien, qui est surtout indiqué quand les ulcères présentent une surface très-inégale et que, dans des gerçures profondes, se montrent des excroissances charnues.

2° *Mal entre les ongles.*—Le mal entre les ongles est à peu près de la même nature que les crevasses aux paturons. Les bêtes boitent, les sabots deviennent chauds et douloureux; il paraît ensuite un engorgement plus ou moins fort sur la partie antérieure de la couronne, à la réunion des deux sabots, ou bien entre les deux sabots mêmes, et quelquefois sur les deux parties à la fois. Sur cette tuméfaction s'élèvent des points jaunâtres d'où suinte une humeur puante et qui bientôt deviennent de petits ulcères dont la réunion forme ensuite une plaie plus ou moins grande et profonde. Quelquefois la peau entre les ongles ne présente que quelques gerçures et ne se détache que partiellement, sans que les bêtes boitent beaucoup. Mais il est des cas où le mal devient si intense qu'il est accompagné de fièvre; les bêtes perdent l'appétit et dépérissent sensiblement. Quelquefois même une partie des sabots se détache entièrement.

Les causes de ce mal sont essentiellement l'humidité continuelle, soit dans les pâturages, soit dans les étables, le défaut de soin et de pansement; mais il dépend aussi de causes internes générales, et devient alors une véritable épizootie. Dans ce cas il est ordinairement accompagné d'aphthes dans la bouche.

Le mal entre les ongles demande à peu près le même traitement que les crevasses aux paturons : propreté avant tout; lotions et bains émollients au commencement, puis détersifs lorsque des gerçures et des plaies se sont formées.

Quand le mal est accompagné d'une forte douleur et d'une fièvre générale, il est bon de faire une saignée à la jugulaire, et de donner quelques doses de sel de nitre et de sel de Glauber, en mettant la bête à un régime rafraîchissant : eau blanche, herbes vertes, ou racines cuites, selon la saison. Quand, par suite d'ulcères profonds, des portions de corne se sont détachées, il faut les extirper, puis panser avec la teinture d'aloës ou les étoupes sèches, suivant la nature et la profondeur des ulcères.

3° *Crevasses aux jambes.* — Les bœufs, et surtout les bœufs en graisse qui

(1) On croit que les tourteaux de colza donnent aux urines une âcreté particulière.

se trouvent tout à coup condamnés à un repos absolu dans des étables où l'on pourrait dire que leurs pieds baignent dans l'urine et les excréments, sont aussi sujets à des crevasses qui affectent leurs jambes jusqu'au-dessus des jarrets et des genoux (1). Les moyens curatifs sont les mêmes que ceux indiqués à l'article précédent : propreté d'abord ; lotions émollientes, puis détersifs. Si l'animal est atteint de la fièvre, il faut la combattre par la saignée et les moyens rafraîchissants précédemment indiqués.

§ VII. — *Dartres.*

Les dartres sont une affection cutanée qui se manifeste par des éruptions locales d'une nature encore indéterminée ; elles présentent quelque analogie avec la gale, bien que ce soit une maladie toute différente. Elles sont tantôt sèches, tantôt humides ; elles n'offrent pas de danger, mais elles sont quelquefois assez difficiles à guérir, surtout quand elles attaquent des bêtes mal nourries et mal soignées. Dans ce cas, elles peuvent devenir une véritable gale.

L'eau de savon et les lotions émollientes sont les premiers moyens à employer pour les combattre. On peut ensuite laver les parties malades avec un mélange d'acide muriatique et d'eau, en employant 1/2 once d'acide sur 6 à 8 onces d'eau ; on les graisse avec un onguent composé de fleur de soufre, 1/2 once ; vitriol blanc, 1/2 once ; axonge de porc, 2 onces.

Il y a une autre sorte de *dartres* qui affectent spécialement les veaux, quelque temps après qu'on les a séparés de leur mère. C'est une éruption toute particulière qui a lieu autour de la bouche et à la ganache, quelquefois sur toute la tête ; elle paraît sous la forme de taches blanchâtres, arrondies, présentant une surface raboteuse d'où se détachent ensuite des écailles fines en former de poussière. On attribue ce mal à la privation prématurée du lait. La propreté et des lotions émollientes le guérissent ordinairement.

§ VIII. — *Porreaux.*

Ce mal, qui n'est nullement dangereux, mais qui devient quelquefois dégoûtant, n'affecte ordinairement que les jeunes bêtes. J'ai très-fréquemment observé des génisses et des bouvillons de la race du Glan, affectés de porreaux. Ceux qui sont susceptibles d'être noués avec un fil sont très-faciles à détruire par ce moyen ; quant à ceux qui ont une base trop large pour être noués, je les ai fait souvent passer en les frottant tous les jours avec du lard. Il faut persévérer dans l'emploi de ce moyen, qui souvent ne produit son effet qu'après un temps assez long. Quelquefois aussi les porreaux se passent d'eux-mêmes et sans l'emploi d'aucun moyen, lorsque les animaux avancent en âge. Je ne me souviens pas d'en avoir jamais vu à une vieille vache. On détruit encore les porreaux à larges bases, en les extirpant au moyen d'un bistouri et en les cautérisant ensuite avec un fer rouge. On peut aussi les traiter par les caustiques et la pierre infernale.

§ IX. — *Fracture des cornes.*

La fracture des cornes est complète ou incomplète. Dans le premier cas, le prolongement osseux du frontal qui constitue la base, le noyau de la corne, est tout à fait cassé, et à la surface fracturée se présente une ouverture par laquelle l'on peut voir jusque dans les sinus frontaux, qui communiquent avec les cavités nasales, de sorte qu'il y a ordinairement écoulement de sang par les naseaux.

Le premier soin à prendre dans le cas d'une fracture des cornes, c'est d'arrêter l'hémorrhagie en couvrant la plaie de compresses imbibées de vinaigre, que l'on tient humectées jusqu'à ce que l'écoulement du sang ait cessé. Quelquefois il est nécessaire de cautériser la plaie avec un fer rouge. On ne doit pas négliger de nettoyer les naseaux afin d'empêcher que le sang coagulé ne les bouche. L'hémorrhagie arrétée, on panse la plaie avec des compresses imbibées d'eau-de-vie, et l'on continue ce traitement jusqu'à la guérison qui a lieu au bout de quinze à vingt jours. Il est essentiel de tenir la plaie propre, en la lavant chaque jour avec de l'eau tiède, et de la couvrir de manière à la préserver du contact de l'air, de la poussière et des ordures qui peuvent tomber du ratelier. Si des parcelles d'os se détachent, si la plaie dégage une odeur fétide, et qu'il en découle un pus jaune ou verdâtre, on la panse avec la teinture d'aloës, et on la couvre de poudre de charbon.

Lorsque la fracture est incomplète, le noyau de la corne ou prolongement de l'os frontal est intact, la corne seulement est détachée à sa base. Si elle n'est détachée que d'un côté, on peut, au moment même où l'accident vient d'arriver, replacer la corne dans sa position naturelle, et la fixer soit avec du chanvre, soit avec une bande imbibée de blanc d'œuf, soit même avec de la colle forte, dont on couvre la fente ou la gerçure, en l'enveloppant ensuite avec une bande solidement fixée et appliquée de manière à maintenir la corne à sa place. Il est essentiel que la bête soit placée de manière à ne pouvoir être heurtée. Si la corne proprement dite est détachée dans tout le pourtour de sa base, on ne doit pas essayer de la replacer, mais on fait d'un morceau de toile une gaîne dont on couvre le noyau de la corne, après l'avoir bien enduit d'un mélange d'huile de lin et de goudron. On fixe cet appareil au moyen d'un bandage approprié, et on le laisse ainsi jusqu'à guérison. On a vu, par ce moyen simple et sans autre traitement, la corne se régénérer d'une manière uniforme sur toute l'étendue du noyau, de manière que par la suite cette corne présentait peu de différence en longueur avec l'autre.

§ X. — *Des plaies et des contusions.*

Les plaies sont des solutions de continuité récentes et ordinairement saignantes, produites dans les parties molles par un instrument piquant, tranchant ou contondant, ou par toute autre cause capable de produire une lésion dans les chairs. De là, la division des plaies en piqûres, incisions, plaies contuses, morsures, etc.

On les divise encore, suivant leur gravité, en plaies simples et plaies compliquées. Les premières sont celles qui ne sont pas accompagnées d'autres lésions et qui, en général, présentent peu de danger. Les secondes sont celles où la cause vulnérante a produit, outre les plaies, une lésion dans d'autres organes.

Une disposition maladive interne influe d'une manière fâcheuse sur les plaies, et peut rendre dangereuses les plaies les plus simples.

Les plaies causées par un instrument tranchant, dans les parties musculeuses (les chairs), telles que celles à l'encolure, au poitrail, à la cuisse, sont généralement peu dangereuses. Elles le sont d'autant moins qu'elles sont longitudinales, c'est-à-dire que la solution de continuité a lieu dans le sens de la longueur des fibres et non en travers.

Les piqûres sont ordinairement les plaies les plus dangereuses, et d'autant plus que l'instrument qui les a causées a pénétré plus profondément. En retirant de la blessure l'instrument qui l'a causée, tel que clou, fourche, dent de herse, etc., la plaie extérieure se resserre, et il se forme au fond des épanchements qui amènent parfois les suites les plus fâcheuses.

Toutes les plaies sont accompagnées d'un écoulement de sang, plus ou moins considérable, qui peut provenir soit des veines, soit des artères. L'hémorrhagie qui provient des petits vaisseaux veineux est de peu de conséquence, et ordinairement on l'arrête par l'application d'eau froide ou d'eau vinaigrée, et.par la compression au moyen d'un bandage ; celle, au contraire, qui provient de l'excision des artères, peut devenir dangereuse, et doit être arrêtée par la ligature. Pour opérer cette ligature, on saisit avec une pince le vaisseau coupé, et on le lie à son extrémité avec un fil ; ou bien on pratique la ligature au moyen d'une aiguille courbe à l'aide de laquelle on passe un fil sous l'artère, on la tire un peu à soi du fond de la plaie, et on la lie par un nœud simple. On se sert aussi, pour arrêter l'hémorrhagie, de charpie, d'étoupe, de boviste. On opère la compression au moyen d'un bandage, ou bien on applique le feu sur l'extrémité de l'artère.

Quand on a une plaie à soigner, la première indication est de la visiter et de la nettoyer complétement de tous les corps étrangers qui pourraient y avoir été introduits. Quelquefois il est pour cela nécessaire de l'agrandir au moyen d'un bistouri ; on travaille ensuite à la guérir, soit par adhésion ou réunion immédiate, soit par suppuration.

On peut guérir une plaie par adhésion si elle est simple (une excision), si elle n'a pas entraîné une perte considérable de substance, si elle ne renferme ni corps étranger, ni venin ; si aucune disposition maladive interne ne s'oppose à la guérison ; si les bords ou lèvres de la plaie peuvent être mis exactement en contact ensemble ; si enfin la blessure n'a eu lieu que depuis très-peu de temps. Cette réunion de conditions ayant lieu, on rapproche et l'on réunit exactement les bords de la plaie, au moyen de points de suture pratiqués avec une aiguille courbe et du fil ciré.

La réunion par suture se pratique particulièrement pour les plaies des commissures des lèvres, des paupières, des ailes du nez, et pour celles des muscles de l'abdomen. Les points de suture sont simples ou doubles selon la grandeur de la plaie.

Cette opération terminée, on couvre la plaie d'une large bande pour la maintenir propre, et l'on a soin qu'elle soit à l'abri de tout frottement et de toute pression. Peu après survient l'inflammation, par suite de laquelle a lieu la sécrétion d'une matière glutineuse qui enduit les bords de la plaie, et doit en opérer la réunion. Cette espèce de lymphe sécrétée est ensuite transformée en une masse organique qui a les mêmes propriétés que les parties qui ont été divisées. Ceci a ordinairement lieu dans l'espace de quatre à cinq jours. Cette masse n'a pas encore alors la fermeté suffisante pour tenir seule les lèvres de la plaie réunies ; mais si la réunion n'a point lieu dans l'espace de temps indiqué, elle n'aura pas lieu plus tard.

La guérison des plaies par suppuration a lieu pour toutes celles qui ne peuvent être guéries par la réunion immédiate, c'est-à-dire pour toutes celles qui ne réunissent pas les conditions que nous avons énoncées plus haut.

On distingue dans la guérison de ces plaies cinq temps ou périodes : 1° inflammation ; 2° exsudation : 3° suppuration proprement dite ; 4° granulation ; 5° cicatrisation. Dans les plaies qui ne sont pas compliquées, et dans un animal sain, ces périodes se succèdent régulièrement, et le traitement est facile. On panse la plaie une ou deux fois par jour, en la nettoyant avec de l'eau tiède, et on la couvre avec des plumasseaux enduits de digestif simple (térébenthine et jaune d'œuf).

Il peut arriver qu'il existe dans la plaie une inflammation trop forte, qu'il est nécessaire de modérer ; quelquefois des excroissances charnues se présentent, ou il se forme au fond des amas de matière, ou bien des parties osseuses s'exfolient, ou encore des cartilages peuvent être attaqués de carie. Tous ces cas exigent l'application d'autres médicaments, souvent aussi l'emploi du bistouri et du feu, et le plus sage est alors de recourir à un homme de l'art.

Toutes les plaies doivent être tenues propres au moyen d'un pansement journalier ; cependant il ne faut pas trop les dégarnir de la matière du pus, car souvent le pus est le meilleur baume pour les plaies.

Des contusions. — Les contusions sont toujours accompagnées d'une inflammation plus ou moins forte, et qu'il faut d'abord combattre par des lotions et des fomentations froides. Quelquefois aussi il est nécessaire de débrider les parties contuses. On traite ensuite la plaie comme une plaie simple qui ne peut être guérie que par suppuration.

§ XI. — *Mal du pis aux vaches.*

Les trayons du pis peuvent être affectés de crevasses très-douloureuses, mais peu dangereuses. Elles sont difficiles à guérir, parce qu'elles sont chaque jour rouvertes par le tiraillement inévitable qui a lieu quand on trait. L'emploi d'un corps gras, comme du saindoux, ou du cérat composé d'huile et de cire jaune, adoucit la plaie et favorise la guérison.

Beaucoup de vaches, et particulièrement les génisses, ont le pis plus ou moins enflé après avoir mis bas; cet accident, dont nous avons déjà parlé, est peu dangereux ; mais par suite d'un état maladif, ou de la négligence qu'on met à extraire le dernier lait, après que le veau a tété, il se forme quelquefois dans les pis des indurations et des abcès. Ordinairement un seul trayon est affecté.

Lorsque l'engorgement est récent, on le combat par des fomentations émollientes, plus tard par des fomentations aromatiques, et si l'on s'aperçoit qu'il tende à l'induration, on emploie un mélange d'onguent d'Althæa et d'huile de laurier, ou des frictions de liniment volatil camphré et mêlé d'onguent mercuriel. Dans tous les cas, il est important de traire à fond et de faire sortir le lait plus ou moins épais, plus ou moins altéré. Si un abcès s'ouvre à l'extérieur, il faut le traiter comme une plaie simple, qu'on nettoie au moyen de lotions et d'injections d'eau tiède, et qu'on panse avec le digestif simple, ou animé, s'il est nécessaire, d'eau-de-vie ou de teinture d'aloès.

§ XII. — *Altérations du lait.*

Le lait est sujet à de nombreuses altérations : il éprouve les unes dans le pis de la vache; les autres après qu'il en a été extrait. Les premières proviennent ou de la bête même ou des aliments.

Lait rouge. — Si le lait est légèrement coloré de sang, et qu'on ne remarque aucune altération dans la santé de la vache, tout le mal consiste ordinairement dans une petite plaie ou piqûre d'insecte à l'un des trayons. Dans ce cas la couleur et la saveur du beurre ne sont pas altérées. Dans un haut degré d'inflammation du pis, le lait est quelquefois mêlé de sang. Le lait peut encore être rouge dans le cas de *pissement de sang* dont nous parlerons plus tard.

Lait aqueux, jaunâtre. — Dans les maladies très-aiguës, la sécrétion du lait est presque entièrement et subitement interrompue, ou bien diminue considérablement : il est aqueux, jaunâtre, et quelquefois mêlé de grumeaux caséeux.

Lait aqueux et bleuâtre. — Dans les maladies putrides, adynamiques, le lait devient d'abord aqueux et bleuâtre, puis les vaches le perdent totalement.

Lait jaunâtre et amer. — Le lait jaunâtre et amer est un indice d'affection du foie.

Lait gras et salé. — S'il est gras et d'un goût salé, il dénote une affection des poumons.

Lait aigre. — Lorsque le lait récemment trait prend un goût aigre, et tourne facilement si on le met en ébullition, c'est qu'il est surchargé de parties acides qui donnent lieu à la séparation de la partie albumineuse du sérum. La cause du mal paraît être un dérangement dans la digestion et la nutrition. Pour l'éloigner, on doit d'abord ne nourrir les vaches que d'aliments de bonne qualité; à de bon foin on joindra des boissons farineuses, et on leur donnera quelques amers toniques, tels que gentiane, baies de genièvre, semences de fenouil en poudre et mêlées de sel.

Lait bleu. — Le lait prend quelquefois une nuance bleuâtre; il se forme à sa surface des points bleus dans les pots à lait. On attribue cette affection du lait au défaut de propreté des vases, et surtout de l'endroit où on les dépose, et qui renferme un air humide et épais. On l'attribue aussi à la nourriture des vaches. Beaucoup de plantes ont été indiquées comme pouvant produire cet effet : *Caltha palustris ; Trifolium cœruleum ; Equisetum vulgare ; Equisetum arvense ; Mercurialis perennis ; Mercurialis annua, etc.* Les deux causes indiquées de cette maladie du lait peuvent se compliquer et exister ensemble. Le lait bleu se présente bien rarement chez des vaches bien nourries et bien soignées, tandis qu'il n'est pas rare dans le cas contraire. Les graines de fenouil, d'anethum, de cumin (*Carum Carvi*), l'herbe à mille feuilles, pulvérisées et mêlées, sont les moyens indiqués pour faire disparaître le lait bleu ; mais avant tout, un bon régime et la propreté sont de nécessité indispensable.

Lait épais et visqueux. — Le lait devient aussi quelquefois épais et visqueux. Cet accident provient d'un état maladif de la vache ; il faut donc chercher à le connaître, avoir égard au régime, aux aliments de la bête, et employer les moyens convenables pour la remettre dans un bon état de santé.

Lait amer. — La saveur amère du lait et la rancidité du beurre sont aussi des accidents assez fréquents, et qu'on croit dépendre uniquement de la nourriture. On attribue cette propriété à la paille d'avoine, aux navets fourragés avec leurs feuilles et tiges, etc. Les pains d'huile, si les vaches en consomment une forte ration, donnent au lait un goût désagréable. Les résidus de distillerie produisent le même effet. Les genêts en fleurs, employés pour litière, communiquent au lait un très-mauvais goût. Comme la qualité et la saveur du lait sont le résultat des aliments qui servent à sa production, il en est encore beaucoup d'autres qui peuvent donner au lait un mauvais goût ; cette cause est facile à reconnaître et à éloigner.

Le fait des genêts en fleurs, employés pour litière, et que j'ai observé chez moi, prouve quelles influences souvent inaperçues peut avoir le défaut de litière et de propreté.

Dans le pays que j'habite, les paysans consomment comme aliment une grande quantité de lait caillé. J'ai entendu fréquemment des plaintes sur le mauvais goût de ce lait, lorsque ni le lait doux, ni le beurre n'avaient aucune saveur désagréable, et sans qu'on pût attibuer cet accident ni à la nourriture, ni à l'état maladif d'une vache; j'ai même vu qu'on était obligé de vendre des vaches pour cette unique cause. Il existe nécessairement dans ce cas un vice organique que nous ne pouvons découvrir. La glande qui forme le pis de la vache peut aussi subir des altérations, telles que le lait est aussi plus ou moins altéré, visqueux, grumeleux, etc. J'ai réformé, il n'y a pas très-longtemps, une vache à laquelle je tenais beaucoup, et chez laquelle cette altération avait résisté aux remèdes et s'était représentée trois années consécutives.

Diminution du lait. — Un autre accident auquel les ménagères ne sont pas moins sensibles qu'aux diverses altérations du lait que nous venons d'indiquer , c'est une diminution considérable du lait, sans que les vaches présentent aucun signe de maladie, et sans qu'on puisse découvrir aucune cause du mal, ni dans la nourriture, ni dans le régime.

Il est reconnu qu'à la suite des maladies aiguës, et même dès leur invasion, la sécrétion du lait diminue et cesse quelquefois tout à fait, pour ne reparaître que quand la vache est guérie, souvent même seulement après qu'elle a fait un veau. Ceci a particulièrement lieu lorsque le traitement de la maladie a nécessité l'emploi du camphre.

Lorsqu'une diminution sensible du lait a lieu sans cause apparente, on doit supposer qu'il existe une altération dans le système lymphatique, et dans les organes où s'opère la sécrétion du lait. Dans ce cas, on a souvent obtenu d'excellents effets de l'emploi du mélange suivant :

Soufre doré d'antimoine,	1,2 once.
Graine de fenouil,	
Id. d'anthum,	De chaque, 3 onces
Baies de genièvre.	

Le tout étant pulvérisé et exactement mêlé, on en donne par jour deux cuillerées dans du son mouillé ou de l'orge égrugée.

La diminution du lait peut aussi dépendre de la négligence qu'on a mise à traire les vaches à fond. La meilleure vache peut être ainsi gâtée, et il peut en résulter des engorgements du pis.

§ XIII. — *Des poux.*

Les jeunes bêtes, même bien soignées, ont quelquefois des poux. Bien des gens emploient, pour les faire passer, des remèdes pires que le mal, comme de l'onguent mercuriel, une décoction de tabac, etc. Les poux, comme tous les insectes, périssent étouffés par le contact de toute substance grasse et liquide. Ainsi, on les détruit en lavant les parties qui en sont atteintes avec une eau de savon un peu forte, ou en les frottant d'huile. Les poux paraissent d'abord sur le cou; de là ils gagnent les épaules, les oreilles et le dos. Dès qu'une bête en a, elle se gratte avec le pied de derrière. Sans attendre qu'ils aient eu le temps de se multiplier, celui qui soigne les vaches trempe son doigt dans l'huile de sa lanterne d'écurie, et en frotte la partie où il remarque des poux. Ce moyen si simple est infaillible; mais comme il ne détruit que les insectes vivants et n'agit pas sur leurs œufs, il est ordinairement nécessaire d'en réitérer l'emploi au bout de quelque jours.

§ XIV. — *Mal au nombril des vaches.*

Lorsqu'un veau naît, le cordon ombilical qui l'unissait à sa mère se rompt naturellement à une distance de quelques pouces du corps du veau; il se dessèche ensuite, puis se détache, sans qu'il soit aucunement nécessaire de s'en occuper; mais il arrive quelquefois que la vache, en léchant son veau, arrache le cordon et occasionne au nombril une inflammation plus ou moins forte. Dès qu'on s'en aperçoit, il faut la combattre par des lotions émollientes, fréquemment réitérées, d'eau de guimauve pure, et si le veau est couché sur le côté, on laisse doucement couler le liquide sur la partie malade; s'il est debout, on peut, en lui tenant sous le ventre un vase de forme convenable, faire tremper le nombril dans la décoction émolliente. Si, malgré ces moyens, un abcès se forme, on le panse avec le digestif, et on le traite comme une plaie simple. On conçoit que ces soins ne s'appliquent qu'aux veaux destinés à être élevés, et qu'on peut s'en dispenser pour ceux destinés à la boucherie.

Pour prévenir cet accident, dès qu'un veau est né, le marcaire lui barbouille chez moi le nombril d'un peu de bouse de vache, qui empêche la vache de lécher cette partie.

CHAPITRE II. — Maladies aigues ou dangereuses.

§ Ier. — *Pissement de sang.*

Le pissement de sang a quelquefois lieu chez les bœufs par suite d'un état inflammatoire occasionné par le travail, l'élévation de la température, ou d'autres causes que souvent on ne peut apprécier. La bête est dans un état de fièvre qui peut n'être que légère; elle témoigne de la difficulté à uriner, et les urines sont colorées en rouge. Le moyen qui s'offre le premier et qui doit être employé tout de suite, est la saignée. Joignez-y du repos, quelques doses de sel de nitre, un régime rafraîchissant, et le mal ne tardera pas à disparaître.

Le pissement de sang peut aussi être occasionné par le pâturage dans des marais, où les bêtes mangent des roseaux, et dans les taillis, où elles broutent les jeunes pousses d'arbres, dont les propriétés astringentes produisent une irritation qui se porte particulièrement sur les organes urinaires. Dans ce cas, le lait est aussi quelquefois chez les vaches coloré de sang.

Un moyen très-simple de guérir ce mal est le lait caillé, dont on donne aux bêtes plusieurs fois par jour, et de un à deux litres chaque fois.

L'inflammation peut être portée à un assez haut degré pour que la maladie se présente avec les symptômes d'une fièvre abdominale; alors la saignée devient nécessaire. On y joint l'emploi du sel de nitre dans une décoction mucilagineuse, et de lavements émollients, s'il y a constipation.

§ II. — *Coup de sang.*

Cette maladie assez frequente est nommée en allemand simplement *le sang* (*das Blut*) ou *sang des reins* (*Rücken*-oder *Lendenblut*), pour la distinguer du coup de sang qui frappe le cerveau.

C'est une fièvre inflammatoire très-aiguë, avec affection particulière des organes contenus dans l'abdomen, et qui se termine promptement par la gangrène.

La maladie s'annonce par les symptômes suivants : on remarque d'abord dans les bêtes tristesse et diminution d'appétit, les oreilles sont froides, le lait des vaches tarit. Le mal augmentant, l'appétit cesse entièrement, ainsi que la rumination; une chaleur marquée se répand sur tout le corps, la bouche devient sèche et chaude, le poil se hérisse, le pouls est dur, plein et accéléré ; le nombre des pulsations va jusqu'à 50, 60 et au delà par minute; l'urine est transparente et ordinairement rougeâtre, et n'est sécrétée qu'en petite quantité ; le ventre est tendu, surtout le côté gauche. La fiente est dure, sèche, sous forme de crottins bruns noirâtres, quelquefois couverts d'un enduit muqueux jaunâtre, dans lequel on remarque des stries de sang. A un haut degré du mal, il y a souvent constipation complète.

Les bêtes ont, en outre, la respiration gênée, l'air expiré est chaud. Si on leur appuie la main sur le dos et les reins, elles plient le dos, en témoignant par des gémissements la douleur qu'on leur fait éprouver. Plus tard, elles ne plient plus, et sont roides et immobiles. Enfin, si la maladie atteint son dernier période, les bêtes deviennent faibles; une fois couchées, elles ne peuvent plus se relever; elles tremblent, la respiration devient de plus en plus gênée, plaintive ; le corps se couvre de sueur, le ventre se gonfle, enfin la sueur se dessèche et quelques convulsions amènent la mort.

Cette maladie attaque indistinctement toutes les bêtes; cependant celles qui sont bien nourries, vigoureuses, de l'âge de deux à trois ans, y sont plus exposées. Elle frappe les bœufs comme les vaches, et n'épargne pas même les veaux. Elle est souvent déterminée par un exercice forcé, surtout pendant les grandes chaleurs, et par une nourriture abondante et très-substantielle.

On voit, d'après cela, que les moyens préservatifs consistent dans les soins et le régime que nous avons indiqués comme étant les plus convenables pour maintenir les animaux en bonne santé. Si des circonstances particulières font craindre l'invasion de la maladie pour de jeunes bêtes dans un état d'embonpoint prononcé, on peut les saigner et leur donner pendant quelques jours par précaution des boissons nitrées.

Dès qu'on s'aperçoit qu'une bête est attaquée du *sang*, on doit introduire la main dans le rectum et en extraire avec précaution les excréments et le sang qu'il contient, aussi loin qu'on peut atteindre. On administre ensuite des lavements émollients, auxquels on ajoute une forte proportion d'huile, en ayant l'attention qu'ils ne soient pas chauds, mais seulement tièdes. Après le premier lavement, on pratique une saignée à la jugulaire, et on tire de quatre jusqu'à huit livres de sang, suivant l'âge et la force de la bête. La saignée peut être réitérée plus tard, si l'intensité de l'état inflammatoire rend cette répétition nécessaire.

On administre ensuite le breuvage suivant :

>   Fleur de soufre. . . . . 1 once.
>   Sel de nitre. 1
>   Sel de Glauber (sulfate de soude). 2

On fait dissoudre les deux sels dans à peu près une demi-chopine d'eau chaude ; on ajoute environ deux chopines d'une décoction mucilagineuse, comme graine de lin, mauve, son ; on délaie ensuite dans ce mélange la fleur de soufre, et après avoir bien mêlé, on le fait avaler à la bête.

Quand la maladie paraît vouloir prendre un caractère putride, que la bête est faible et abattue, on ajoute au premier breuvage un gros de camphre en poudre délayé dans un jaune d'œuf.

Des douches d'eau froide sur le dos et les reins ont été aussi employées avec succès, surtout dès l'invasion du mal, après la saignée : mais il faut les continuer sans interruption pendant 4 à 5 heures.

Lorsque les symptômes de la maladie ont disparu, on peut donner des amers toniques. La racine de gentiane, les baies de genièvre et le sel remplissent cette indication.

Durant la maladie, les bêtes ne mangent pas du tout, mais témoignent une grande soif, qu'on doit satisfaire. On peut leur donner de l'eau blanche, en ajoutant à chaque seau d'eau 2 à 4 gros de nitre.

§ III. — Maladie de la rate.

Cette maladie, une des plus meurtrières qui attaquent les bêtes à cornes, est un anthrax, une fièvre charbonneuse très-aiguë. Elle est souvent épizootique et enzootique.

Elle est contagieuse, par contact immédiat, par la salive, l'écume, les humeurs des ulcères, l'urine et les autres déjections. Elle peut mettre en danger la vie des personnes qui soignent les malades, et on doit pour cela prendre beaucoup de précautions.

Elle affecte ordinairement les bêtes d'une manière subite, et plusieurs à la fois dans le même village ou la même ferme. Quand elle règne épizootiquement, sa durée est ordinairement bornée à quelques semaines, jusqu'à ce qu'il arrive un changement marqué dans l'état de l'atmosphère ou dans la nourriture des bêtes. Quand elle est sporadique, elle paraît subitement et disparaît aussi de même.

Elle règne ordinairement en été pendant les chaleurs et la sécheresse, quelquefois aussi au printemps quand le temps est chaud ; en hiver elle n'est que sporadique ou n'affecte que quelques bêtes isolément.

Elle attaque particulièrement les bêtes les mieux nourries, les plus robustes et qui paraissent jouir de la meilleure santé.

Il paraît qu'elle est déterminée par les fortes chaleurs et la sécheresse ; par la mauvaise qualité des fourrages, par ceux surtout qui proviennent de prés inondés en été, par les pâturages dans lesquels l'eau reste stagnante pendant les chaleurs.

Les symptômes qui la décèlent ne sont pas très-caractéristiques. Elle s'annonce ordinairement par un état général de fièvre inflammatoire, chaleur et froid alternatifs, tremblement partiel du corps, anxiété, diminution et quelquefois perte subite de l'appétit et du lait, respiration courte, pouls dur, accéléré ; les yeux enflammés et hagards, la bouche chaude et sèche, le ventre tendu, la constipation, etc. Mais dans le cours de la maladie on ne remarque pas de périodes bien distinctes, quelquefois même elle enlève subitement les bêtes, sans qu'on ait remarqué d'altération dans leur santé, et sans qu'elles aient cessé de manger jusqu'à leur mort.

Quelquefois il parait des tumeurs plus ou moins grosses et étendues sur diverses parties du corps ; elles acquièrent en peu de temps un volume considérable, elles sont tantôt plus ou moins dures, tantôt molles et œdémateuses. Elles paraissent particulièrement à l'encolure et au poitrail ; elles contiennent une masse compacte, jaunâtre, lardacée, et les muscles sous-jacents sont d'un bleu noirâtre. Celles qui sont molles ont leur siége aux parties plus déclives, aux cuisses, aux jambes, au pourtour des articulations, et elles contiennent ou un sang très-noir, ou un liquide jaunâtre, sanieux, ou mêlé de stries de sang qui se trouve répandu sous la peau, dans le tissu cellulaire. Après la mort, le sang sort par la bouche et l'anus. A l'ouverture des cadavres, on trouve tous les gros vaisseaux gorgés d'un sang très-noir, les poumons d'une couleur bleu-noirâtre, leur substance molle et flasque ; les estomacs et les intestins sont plus ou moins enflammés ; la membrane interne du quatrième estomac est quelquefois noire, gangrenée ou parsemée de points noirs. La rate est presque constamment engorgée, elle a quelquefois un volume très-considérable, sa substance est très-molle, de couleur noire et ressemblant à un amas de sang coagulé. La chair musculaire est molle, de couleur bleu-noirâtre ; les cadavres entrent promptement en putréfaction.

Les moyens curatifs qu'on emploie avec le plus de succès sont des saignées copieuses, dès l'invasion du mal, le sel de nitre, le sel de Glauber, les acides minéraux, tels que l'acide sulfurique, l'acide muriatique, étendus d'eau. On persiste dans l'emploi de ces moyens jusqu'à la diminution des symptômes les plus apparents d'inflammation.

Chez les bêtes jeunes et moins vigoureuses, les évacuations sanguines doivent être moins considérables, et si l'on emploie les acides, on les donne mêlés à des infusions aromatiques ou amères.

Des douches d'eau froide sur tout le corps et des bains de rivière ont été employés avec succès, comme moyens curatifs et préservatifs.

Les tumeurs, tant molles que dures, doivent être ouvertes, si leur siége le permet. On y pratique des incisions profondes, et on les bassine avec des infusions aromatiques, l'eau-de-vie, l'essence de térébenthine ; on emploie même la teinture de cantharides.

Les sétons peuvent être utiles comme moyens dérivatifs.

On a obtenu de bons effets de la cautérisation des ulcères avec le fer rouge.

Après avoir lu la description de cette terrible maladie, on sentira facilement qu'il n'est pas possible de la bien traiter sans des connaissances et une pratique que bien peu de cultivateurs peuvent posséder. Mais la saignée doit être pratiquée sans délai. Pour les moyens préservatifs, je renvoie à ce que j'ai dit du régime et de la nourriture des bêtes. Le mal de la rate fait souvent de grands ravages parmi les bêtes qui cherchent leur vie à la pâture, mais il n'atteindra guère que par contagion les bêtes nourries à l'étable et bien soignées. Enfin, si mes bêtes, quoique très-bien nourries, sont exposées à infiniment peu d'accidents, je crois que j'en suis en grande partie redevable à l'usage de les faire baigner fréquemment pendant les chaleurs.

§ IV. — *Du part difficile.*

Pour être en état de secourir une vache dans le cas de part difficile, il est nécessaire de savoir comment s'opère le part naturel.

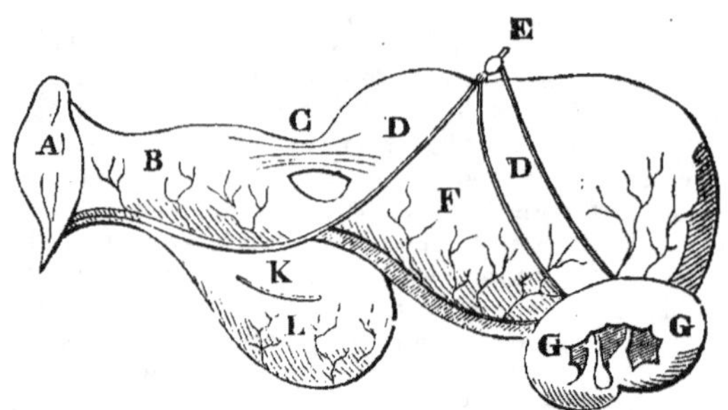

A La vulve. ,
B Le vagin.
C Le col de la matrice.
DD Artères qui conduisent le sang à la matrice et à la vessie.
E L'artère qui sort de l'aorte.

F Le corps de la matrice.
G La corne droite de la matrice.
K Une portion d'un des canaux qui amènent l'urine dans la vessie.
L La vessie.

Les parties génitales de la vache, sont : la vulve, le vagin et la matrice, dans laquelle on distingue le col, le corps et les cornes. C'est une erreur généralement admise, chez les habitants de la campagne, de croire que le fœtus, dans le sein de sa mère (dans la matrice), se retourne, fait une culbute pour venir au monde. Depuis le moment de la conception jusqu'à celui du part, le veau conserve dans la matrice la même position. Il a la tête du côté de la vulve, et la croupe du côté de la poitrine de sa mère. Il a la tête placée de manière que sa bouche se rapproche de son poitrail et les quatre jambes sont repliées sous le corps. Il a le dos en haut, vers le dos de sa mère, ou bien il est penché tantôt d'un côté, tantôt de l'autre. Lorsque le moment de la naissance arrive, la tête se relève et les jambes de devant s'allongent. Le col de la matrice s'ouvre, et le jeune animal, poussé par les contractions de la matrice, s'avance dans le vagin et s'engage dans le passage que forment les os du bassin, dont la dilatation a commencé à s'opérer plusieurs jours auparavant. La vulve s'entr'ouvre et on voit d'abord paraître une vessie qui ne tarde pas à crever en laissant échapper l'eau qu'elle contient et dans laquelle nageait le fœtus. Alors se montrent les deux pieds de devant, puis le museau, la tête étant appuyée sur les jambes. Les efforts de la mère deviennent plus violents, la tête franchit le passage et bientôt le nouveau-né est là tout entier.

Telle est la marche d'une délivrance heureuse et sans accidents; mais elle ne s'opère pas toujours ainsi. Le part peut être plus ou moins difficile, ou même impossible.

Le part est difficile, par l'état maladif de la bête, par sa conformation, par la maladresse et l'ignorance de ceux qui veulent le hâter; par la mauvaise position ou par l'excès de volume du fœtus.

Une vache épuisée par la maladie, ou par le jeûne de tout un hiver, n'est quelquefois pas en état de faire les efforts nécessaires pour sa délivrance; dans ce cas, le vin, une chopine environ, peut être utile en ranimant les forces abattues; si au contraire la bête est jeune, grasse, et dans un état d'excitation qui met obstacle à la délivrance, une saignée la hâtera.

Il y a des femelles chez lesquelles le bassin n'a pas la largeur suffisante, d'où il résulte que le part est plus ou moins laborieux, quelquefois même impossible.

Bien des accidents proviennent de l'ignorance d'hommes qui ne savent pas attendre, qui veulent aider, et qui meurtrissent, enflamment ou déchirent des organes avec lesquels leurs mains grossières ne devraient jamais être en contact. Presque tous ignorent que les os du bassin forment seuls la difficulté du passage, ils prétendent élargir la vulve, ils introduisent la main lorsque souvent le col de la matrice n'est pas encore ouvert, enfin ils tirent sans précaution, comme sans pitié, dès qu'ils peuvent atteindre les pieds du veau. L'introduction réitérée de la main occasionne la tuméfaction, l'inflammation des parties; la délivrance est retardée, et il peut en résulter la gangrène. En tirant inconsidérément, on fait avancer les épaules et la poitrine, mais souvent la tête ne bouge pas, et la difficulté du passage se trouve augmentée.

Il faut donc savoir attendre et laisser agir la nature.

Si le travail se prolonge trop longtemps et donne lieu de craindre que le fœtus ne soit mal placé, alors les ongles étant coupés courts, on introduit avec précaution la main ointe d'huile, et on cherche à s'assurer si l'accouchement est possible par les seuls efforts de la nature, ou si l'art doit venir à son aide.

Dans le cas où des tentatives inutiles ont été faites pour hâter l'accouchement, où la vulve est tuméfiée, le vagin enflammé et sec, parce que l'écoulement des eaux a eu lieu trop tôt, alors, avant d'introduire la main, on fait une injection de lait chaud, qui adoucit, lubréfie les organes, et facilite la sortie du veau. Ces injections peuvent être répétées si le cas l'exige.

Le veau peut être mal placé de diverses manières. Quelquefois un pied, ou les deux pieds, restent en arrière, sous le corps, et la tête se présente seule. Dans ce cas, il faut chercher à repousser la tête et atteindre les pieds pour les tenir en avant. D'autres fois, au lieu d'être allongée, la tête est repliée vers la poitrine et présente la partie supérieure, au lieu du museau ; ou bien c'est le cou qui est plié et la tête tout entière est en arrière et sur le côté du veau, ou bien encore un pied ou les deux pieds sont sur la tête, au lieu d'être dessous.

L'opérateur, dans ces différents cas, doit chercher à placer la tête et les jambes dans leur position normale, et s'il y parvient, la nature peut faire le reste. Mais il ne faut pas croire ces opérations faciles; elles offrent souvent de grandes difficultés, surtout si la tête est déjà trop avancée dans le bassin pour qu'on puisse la repousser.

Il arrive aussi que le veau se présente par le derrière ; s'il présente la croupe, on cherche à atteindre les pieds de derrière et on le sort ainsi.

Enfin un veau d'une grosseur démesurée rend le part très-difficile, lors même qu'il se présente bien, et j'ai déjà remarqué ailleurs que cet accident avait été souvent le résultat de l'accouplement d'un taureau de très-forte taille avec une petite vache.

Si le veau est mort, ce qu'on reconnaît ordinairement à l'émission d'une matière purulente et fétide, il ne reste qu'à opérer l'accouchement.

Pour toutes ces opérations, on peut faire usage d'un forceps fait exprès, ou recourir au bistouri, dont l'emploi exige une grande habileté pour opérer la section des membres, quand il y a impossibilité de les placer comme ils doivent l'être.

On emploie souvent avec succès un ou plusieurs cordons, façonnés en nœuds coulants, que l'on fixe aux pieds, ou à la mâchoire inférieure, et à l'aide desquels on opère la sortie du veau.

Quelquefois pour extraire le veau, on a recours à un crochet qu'on lui entre dans la bouche et dont on lui enfonce la pointe dans le palais.

Il se présente aussi des cas heureusement rares, où l'accouchement est tout à fait impossible, et où il ne reste qu'à sacrifier la vache.

§ V. — *Chute du vagin. Chute et renversement de la matrice.*

Ces deux accidents surviennent assez fréquemment chez les vaches, mais surtout immédiatement après le part laborieux, soit par suite de violents efforts, soit, ce qui est le plus fréquent, par la brutalité de ceux qui ont voulu aider et hâter l'accouchement. Ils peuvent aussi être la suite de la météorisation, et si la bête est pleine, ils sont presque toujours suivis de l'avortement.

La chute du vagin n'est pas rare chez les génisses, dans les derniers temps de la gestation, surtout si elles sont bien nourries.

Lors de la chute de la matrice, cet organe paraît ou en totalité, ou partiellement, hors du vagin qu'il entraîne avec lui. Si le renversement a lieu, non-seulement la matrice sort de la cavité de l'abdomen, jusqu'en avant des parties génitales extérieures, mais en même temps elle est renversée et retournée de manière que sa face interne se présente à l'extérieur.

Quand il y a seulement chute du vagin, on le fait rentrer sans beaucoup de peine, en le poussant avec précaution, la main étant enduite d'huile ou de saindoux, jusqu'à ce que par une manipulation douce et non interrompue, on l'ait peu à peu ramené à sa situation naturelle. La bête doit être debout et placée de manière que le train de derrière soit plus élevé que celui de devant, et on lui conservera pendant quelque temps cette position, en laissant sous elle une suffisante quantité de fumier et de litière.

Pour rendre du ton aux parties, on emploie des injections composées d'*écorce de chêne concassée*, 3 onces, qu'on fait bouillir dans 1 pinte (1/2 litre) d'eau ; on peut y ajouter 2 gros d'alun en poudre. Les injections doivent avoir lieu quatre à cinq fois par jour et avec une demi-livre au moins de liquide pour chaque injection.

On laisse la bête en repos, et on lui donne des aliments de facile digestion et qui ne distendent pas les estomacs, comme de bon foin en quantité modérée et des boissons farineuses.

Si, malgré ces précautions, l'accident se renouvelle, on emploie avec succès un bandage très-simple, que l'on fait, soit avec de la sangle, soit avec de la toile grossière cousue en double, de manière à former des bandes larges de 15 à 18 lignes.

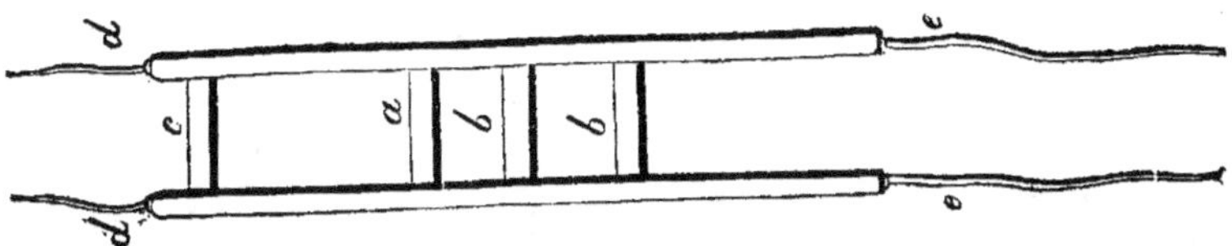

Le dessin ci-contre indique clairement la forme et l'emploi de ce bandage. La longueur est d'environ 2 pieds, la largeur 6 pouces. La partie *a* se place immédiatement sous la queue, au-dessus de l'anus; les deux bandes *b, b,* couvrent la vulve, et les trois bandes doivent être placées de manière à laisser un libre passage aux déjections. Ainsi leur disposition peut varier suivant la conformation de la bête. La bande *c* s'applique sur la croupe, et l'appareil est maintenu par quatre cordons, dont deux *d, d,* s'étendent sur le dos, et les deux autres *e, e,* passent entre les cuisses, de chaque côté du pis; tous les quatre sont convenablement fixés à un surfaix qui fait le tour du corps en arrière des épaules. Quatre anneaux sont cousus à ce surfaix, et deux coussinets préviennent les meurtrissures qu'il pourrait occasionner sur le dos. Avec un peu d'attention, cet appareil ne gêne pas la bête, et j'ai connu une vache à laquelle on l'appliquait par précaution chaque année, six à huit semaines avant l'époque où elle devait mettre bas.

Si c'est la matrice qui est renversée, il est bien plus difficile de la faire rentrer et de la remettre en place. Cet accident arrive ordinairement immédiatement après le part, et alors le placenta ou arrière-faix est encore adhérent. Il faut donc commencer par le détacher avec précaution, puis nettoyer soigneusement avec du lait tiède toute l'étendue de la matrice. Deux aides placés à droite et à gauche soulèvent la matrice au moyen d'une serviette, en l'approchant le plus possible de la bête. L'opérateur placé derrière appuie sa main huilée, et les doigts étant rapprochés les uns des autres par leur extrémité, sur la partie la plus basse de la matrice, et s'aidant au besoin de l'autre main, il la pousse vers la vulve, la faisant ainsi rentrer en elle-même, jusqu'à ce qu'il l'ait ramenée à sa place.

On ne doit retirer la main de la matrice qu'après avoir senti s'opérer dans cet organe un mouvement de contraction; autrement une rechute pourrait avoir lieu immédiatement. Pour favoriser et augmenter cette contraction, on fait des injections de vinaigre étendu d'eau, ou d'une décoction d'écorce de chêne, à laquelle on ajoute un peu de vin.

L'accident est d'autant plus dangereux et le replacement plus difficile que la matrice est restée plus longtemps dehors et exposée au contact de l'air.

Le régime à suivre est le même que celui indiqué à propos du renversement du vagin.

Le bandage est un moyen insuffisant pour prévenir la chute de la matrice; il l'empêche bien de sortir, mais il ne peut empêcher qu'elle ne soit poussée jusqu'au bord des lèvres de la vulve et qu'elle ne soit ainsi comprimée dans le bassin, ce qui peut amener les accidents les plus dangereux. Un pessaire serait dans ce cas le seul appareil à employer.

Souvent une génisse étant déjà avancée dans la gestation, lorsqu'elle est couchée, la vulve s'entr'ouvre et laisse voir une partie du vagin qui fait saillie, cédant à la pression qu'opère sur lui la matrice. Cet état n'a pas de danger, et l'on prétend même avoir remarqué que les génisses chez lesquelles on l'observe mettent bas plus facilement.

Cependant une précaution qui n'est jamais à négliger, c'est de donner très-peu de pente au pavé des étables, et si on craint pour une vache un accident de la nature de ceux dont nous venons de parler, on doit toujours laisser sous elle une litière assez épaisse pour que le train de derrière soit aussi haut, ou un peu plus haut que celui de devant.

§ VI. — *Inflammation de la matrice.*

L'inflammation de la matrice est une maladie qui succède assez souvent au part laborieux, et qui, comme le renversement de la matrice, est la suite ordinaire des moyens violents et mal entendus employés dans l'intention de hâter ou de favoriser la sortie du veau.

La vache éprouve des douleurs de matrice qui déterminent des contractions et des efforts semblables à ceux qui précèdent et accompagnent l'accouchement. Le vagin et la vulve sont enflammés, rouges, tuméfiés, secs au commencement de la maladie. Plus tard, les efforts déterminent l'émission d'une matière plus ou moins sanieuse et de mauvaise odeur. La bête éprouve une fièvre plus ou moins forte, la sécrétion du lait est diminuée, ou tout à fait interrompue. L'urine est rare, colorée, la fiente sèche, noirâtre, et on remarque en général tous les symptômes d'un état inflammatoire plus ou moins intense.

Le traitement de l'inflammation de la matrice est généralement le même que celui des autres maladies inflammatoires; cependant on ne doit faire usage de la saignée qu'avec circonspection et ne l'employer qu'au commencement et à un degré d'inflammation bien prononcé, afin de ne pas trop affaiblir une bête dont les forces sont déjà épuisées par le travail du part et par les mauvais traitements qu'elle a déjà subis.

Intérieurement, on donne des breuvages mucilagineux deux ou trois fois par jour; on ajoute de l'huile douce, telle que l'huile de lin, environ 4 onces, et demi-once de sel de nitre dans chaque breuvage. Le sel doit être préalablement dissous dans de l'eau chaude.

Extérieurement, on applique sur les reins des cataplasmes émollients, avec le soin de les renouveler assez fréquemment pour qu'ils soient toujours chauds et humides.

La matrice et le vagin doivent être l'objet d'une attention particulière. Si aucun écoulement n'a lieu, on emploie des injections émollientes et adoucissantes, répétées plusieurs fois par jour. Le lait chaud convient très-bien pour cela; on y fait cuire quelques têtes de pavot, ou de la fleur de sureau, ou du mélilot, etc.

S'il sort de la vulve une matière sanieuse et de mauvaise odeur, les injections doivent avoir lieu avec une infusion de plantes amères aromatiques, telles que l'absinthe, le thym, la mélisse, et doivent être continuées jusqu'à ce que le flux soit de bonne nature.

On doit toujours donner à boire aux bêtes, autant qu'elles en témoignent le désir.

On peut leur faire boire alternativement de l'eau blanchie de farine, ou de l'eau dans laquelle on a fait dissoudre du tourteau de lin. Lorsque l'appétit revient, on ne doit le satisfaire qu'avec précaution, en ne donnant aux bêtes convalescentes qu'une petite quantité de racines cuites et de bon foin.

§ VII. — *Fièvre vitulaire.*

Une maladie des vaches extrêmement redoutée dans ce pays-ci, y est connue sous le nom de *Kälber-Krankheit, maladie des veaux.* Comme elle affecte les vaches qui viennent de mettre bas, et qu'elle a beaucoup d'analogie avec la fièvre puerpérale des femmes, il me semble qu'on ne saurait mieux la nommer que *fièvre vitulaire.* Cette maladie existe sans doute partout, cependant je ne l'ai jamais entendu nommer en France, et je n'ai rien lu qui y soit relatif. Peut-être en plus d'un endroit enlève-t-elle des bêtes, sans qu'on connaisse ni la nature du mal, ni les moyens de le combattre. Aussi je crois rendre service aux propriétaires de vaches et aux vétérinaires qui s'occupent des bêtes à cornes, en leur indiquant, avec quelques détails, le traitement pratiqué par M. Kautz, qui a de fréquentes occasions de l'observer à Sarrebruck où elle frappe surtout les vaches des brasseurs et des boulangers ; lesquelles sont fortement nourries, et ne sortent jamais de l'étable,

La maladie consiste dans une affection fébrile, principalement du système de la digestion, par suite de laquelle il se développe ordinairement une inflammation particulière des estomacs et des intestins, souvent aussi de l'utérus, et qui est compliquée d'inflammation partielle avec induration du pis, et de diverses altérations dans la sécrétion du lait.

Pour l'ordinaire, elle affecte les bêtes presque subitement, du moins sans signes précurseurs bien apparents, peu de jours, parfois aussi quelques heures seulement après qu'elles ont mis bas. Elle se manifeste indistinctement après le part naturel et facile comme après le part laborieux, et soit que la chute de l'arrière-faix ait eu lieu dans l'ordre régulier ou non.

Les vaches en bon état, bien nourries, qui restent constamment à l'étable, en sont plus particulièrement affectées ; cependant elle frappe aussi quelquefois les vaches maigres et mal nourries ; on a encore observé que généralement les bêtes gourmandes et grandes mangeuses y sont plus exposées.

Symptômes de la maladie. — On reconnaît la maladie aux symptômes suivants, qui sont assez constants et caractéristiques.

Les vaches qui, après avoir tout récemment fait le veau, avaient jusqu'alors présenté tous les signes d'une bonne santé, deviennent tristes sans cause apparente ; elles perdent l'appétit, refusent même toute nourriture, ne ruminent plus, ne peuvent se tenir sur leurs jambes, restent constammeut couchées, appuient la tête sur un des flancs, ou l'étendent en avant sur la mangeoire. Elles ont des accès de fièvre annoncés par le frissonnement, la chaleur et le froid alternatifs du corps. Elles témoignent une grande sensibilité, s'effraient au moindre bruit, font entendre des grincements de dents, se plaignent en poussant de profonds gémissements, tels qu'il semble qu'elles vont expirer.

Outre ces symptômes principaux, on remarque encore les suivants : les cornes, les oreilles et le mufle sont froids ; de plus, ordinairement ce dernier est sec. La bouche est plus ou moins chaude, et remplie d'une bave gluante qui en découle constamment. La température du corps est généralement plus élevée que dans l'état de santé, mais elle est inégale ; le poil est terne, hérissé, la peau sèche. Le pouls est ordinairement petit, dur et accéléré, 50 à 60 pulsations par minute. La respiration est au commencement de la maladie lente et profonde, le ventre est tendu, quelquefois gonflé, le rectum et le vagin sont plus ou moins tuméfiés, leurs membranes internes sont enflammées, et il y a pour l'ordinaire constipation. Les urines sont rares et foncées en couleur ou tout à fait supprimées. Le pis est dur et enflammé, la sécrétion du lait est supprimée ou considérablement diminuée. Le lait éprouve diverses altérations.

Quelquefois aussi la vache malade est dans un état de stupeur ; elle reste couchée, la tête appuyée sur le flanc et sans faire aucun mouvement, elle ne s'inquiète même nullement de son veau. Mais ordinairement, à un plus haut degré du mal, les bêtes sont très-agitées, se débattent et font entendre des gémissements plaintifs. La respiration devient alors très-accélérée ; les yeux, qui d'abord étaient fermés et larmoyants, deviennent hagards ; la conjonctive est enflammée : on remarque des contractions nerveuses, des mouvements convulsifs. Le ventre se météorise, le rectum fait saillie au dehors, le corps se couvre d'une sueur froide, la bouche devient froide, la langue pendante, et la bête meurt après quelques convulsions le deuxième ou le troisième jour de la maladie.

Quelquefois aussi la fièvre et l'inflammation sont moins intenses, il n'y a pas de convulsions, et la maladie prend alors une terminaison heureuse.

Cependant il est extrêmement difficile au vétérinaire d'établir un pronostic certain, le mal trompe souvent ses prévisions, et empire ou revêt un autre caractère au moment où il s'y attendait le moins ; aussi, dans l'impossibilité où il est de garantir la guérison, les propriétaires font très-souvent tuer les bêtes dès qu'ils les voient attaquées d'un mal dont ils connaissent le danger. Comme elles sont ordinairement grasses, on peut encore tirer parti de la viande.

A l'ouverture des bêtes qu'on fait tuer dès l'invasion du mal, on ne remarque ordinairement que des traces plus ou moins distinctes d'inflammation des organes de la digestion, de l'utérus et quelquefois de la vessie, tandis que chez les bêtes mortes des suites de la maladie, l'état inflammatoire est bien prononcé sur les quatre estomacs, sur les gros intestins comme sur les grêles, sur la matrice et sur la vessie. Les membranes séreuses et muqueuses de ces organes sont constamment plus ou moins rouges et parsemées de taches noires. On trouve ordinairement la panse et le troisième estomac remplis d'une grande quantité de fourrage qui est souvent desséché et dur. Tous les grands vaisseaux, particulièrement ceux de la veine-cave et de la veine-porte, sont gorgés d'un sang noir et épais.

Causes de la maladie. — Il paraît que chez toutes les vaches qui viennent de faire veau il existe une disposition plus ou moins prononcée à cette maladie, qui est alors déterminée par un mauvais régime, la quantité ou la qualité des aliments, souvent aussi par un refroidissement avant ou après le part.

Chez certaines vaches fortement nourries, le lait paraît quelques jours avant le part. Le pis est tout à fait plein, dur et tendu : si ce lait n'est pas trait, si on le laisse séjourner dans le pis, il se reporte à l'intérieur et devient une des causes déterminantes de la *fièvre vitulaire.*

Ce qui vient à l'appui de ces considérations, c'est que la maladie s'observe surtout chez les meuniers, les boulangers, les brasseurs, qui nourrissent très-fortement les vaches, et sans observer les précautions nécessaires avant et après le part.

Traitement de la maladie. — Quelque dangereuse que soit cette maladie, quelque graves que soient les symptômes par lesquels elle s'annonce, on ne doit cependant pas désespérer de la guérison, en employant avec persévérance les moyens convenables (1).

On pratique d'abord une saignée à la jugulaire, et l'on tire 3 à 6 livres, quelquefois jusqu'à 8 livres de sang, suivant l'intensité de l'inflammation, l'âge et la force de la bête.

On administre ensuite de 3 en 3 heures des breuvages composés de *sel de Glauber*, 2 à 3 onces ; *sel de nitre*, demi-once, dissous dans de l'eau chaude, puis étendus dans une décoction émolliente, comme graine de lin, mauve, etc. Ces breuvages sont continués jusqu'à ce que la fièvre et les symptômes inflammatoires soient apaisés.

Dans le cas de constipation opiniâtre, on ajoute à chaque breuvage 4 à 6 onces d'huile de lin, et l'on administre des lavements émollients jusqu'à ce qu'on ait obtenu une évacuation assez abondante. Dans quelques cas, on a alterné avec succès les lavements emollients avec d'autres composés d'une infusion de camomille, d'une dissolution de savon, et même d'une décoction de tabac.

(1) Sans doute on ne doit jamais désespérer de la guérison d'une bête, quand on est appelé à temps pour la traiter ; cependant je dois ajouter que la fièvre vitulaire a déjà fait le désespoir de plus d'un vétérinaire instruit. J'en connais un qui a remarqué que certaines années, a certaines époques, cette maladie à un caractère particulier de malignité, et s'il sauve beaucoup de bêtes, il arrive aussi souvent qu'il est le premier à conseiller aux propriétaires de sacrifier tout de suite les bêtes attaquées.

A ces moyens on joint l'emploi des frictions, longtemps continuées sur tout le corps avec des bouchons de paille. La bête est ensuite couverte, d'une toile en été, d'une couverture de laine en hiver; on a la plus grande attention à la mettre à l'abri des courants d'air; on entretient sous elle une litière abondante et sèche, et on la soulage, comme on prévient les excoriations, en la couchant alternativement sur l'un et l'autre côté.

Ordinairement la saignée amène déjà du soulagement, et après quatre à cinq breuvages et autant de lavements on obtient une évacuation. La fiente est alors sèche et comprimée en crottins aplatis et noirâtres. Souvent il y a en même temps excrétion d'une urine transparente et rougeâtre. Dans ce cas il est bien rarement nécessaire de renouveler la saignée; les symptômes d'inflammation diminuent peu à peu, la fièvre et l'agitation cessent, l'appétit revient et la guérison paraît être obtenue.

Alors, cependant, il arrive que les bêtes restent constamment couchées et ne peuvent se lever. Dans ce cas on a recours à des frictions sur le dos et les reins, au moyen de liniment volatil camphré, à des fomentations aromatiques ou à des frictions avec de l'eau-de-vie chaude sur les membres. Après l'emploi de ces moyens, continués pendant quelques jours, les bêtes se lèvent d'elles-mêmes, tandis qu'auparavant on avait inutilement employé tous les moyens possibles pour les remettre sur leurs jambes.

Mais ce traitement n'est pas toujours suivi d'un aussi prompt et aussi heureux succès. Quelquefois l'agitation persiste, avec des mouvements nerveux et même des convulsions; alors le renouvellement de la saignée est ordinairement indiqué, et les breuvages doivent être composés de 1/2 once à 1 once de sel de nitre, avec 1/2 gros à 1 gros de camphre pulvérisé et délayé dans un jaune d'œuf, 1 gros de foie de soufre (*Kali sulphuratum*); le tout étendu dans 1 1/2 à 2 liv. d'une décoction mucilagineuse. On donne ce breuvage toutes les 3 à 4 heures.

Dans ce cas on a aussi employé avec succès l'acide muriatique, à la dose de 1/2 litre à 1 once, étendu dans 1 à 2 litres d'eau de son.

Mais outre ces breuvages, les lavements, les frictions et tous les autres soins prescrits doivent toujours être employés avec persévérance.

L'engorgement et l'inflammation du pis, qui surviennent ordinairement dans le cours de la maladie, doivent être traités par des lotions émollientes ou des fomentations aromatiques, suivant le degré et la nature de l'engorgement. Si l'on remarque que l'engorgement tende à l'induration, on peut ensuite faire usage avec efficacité des frictions de liniment volatil camphré et mêlé d'onguent mercuriel, ou bien d'un mélange d'onguent d'althæa et d'huile de laurier.

Une précaution qui ne doit pas être négligée, c'est de traire tout le lait que contient le pis; et lors même que ce lait devenu grumeleux ne sort qu'avec peine, on doit par une manipulation soutenue faire en sorte de l'extraire en totalité. Cette précaution est de rigueur, d'autant plus qu'elle favorise la résolution de l'engorgement des mamelles, et devient en même temps un moyen dérivatif de l'inflammation interne.

Les bêtes convalescentes doivent être traitées et nourries avec toutes les précautions indiquées à l'article *indigestion*.

Si la *fièvre vitulaire* peut être guérie, elle est cependant toujours une maladie très-dangereuse et qui enlève un grand nombre de bêtes. On doit donc mettre tous ses soins à la prévenir, et l'on y parviendra sans beaucoup de peine en suivant les règles que j'ai indiquées pour la nourriture, le régime et les soins hygiéniques, dont les vaches doivent être l'objet. Ces soins doivent augmenter à mesure que la vache approche du terme de la gestation; on doit alors éviter une nourriture trop abondante ou difficile à digérer, et qui distend considérablement les estomacs. Les aliments doivent être sains, nutritifs, en quantité modérée, et il faut faire attention à la qualité comme à la quantité de la boisson

Il est bon aussi que les vaches, au moins à cette époque, ne soient pas exposées aux intempéries de l'air.

Les précautions à prendre après le part ont déjà été suffisamment indiquées. J'ajouterai seulement que des étables sèches, chaudes et pourtant aérées, où les bêtes soient à l'abri des courants d'air, sont dans ce cas-ci surtout d'une grande importance.

§ VIII. — *De la pulmonie.*

Cette maladie, qui paraît être la même que celle connue à Paris sous le nom du *pommelière*, est une des plus dangereuses de toutes celles auxquelles sont exposées les bêtes à cornes. Quoique sa propagation, par contagion, ait été contestée, il est cependant bien prouvé qu'elle règne souvent épizootiquement; elle a été plusieurs fois apportée par des bêtes infestées dans des endroits où elle était inconnue, et elle a régné ensuite une, deux ou plusieurs années, enlevant quelquefois la moitié du bétail. Depuis six à sept ans, beaucoup de villes et de villages des pays qu'arrosent la Sarre, la Moselle et le Rhin ont plus ou moins souffert de la pulmonie. On cite même la ville de Neuwied sur le Rhin, où elle existe depuis plus de quinze années sans qu'on soit parvenu encore à l'expulser. Aussi, les distillateurs, qui savent, par expérience, que les bœufs en graisse sont attaqués de la *pulmonie* après quatre à cinq mois passés dans leurs étables, s'arrangent-ils de manière qu'ils soient vendus avant ce temps.

La *pulmonie* est une inflammation de la substance des poumons, ordinairement accompagnée de pleurésie, ou inflammation de la plèvre.

Les symptômes de la maladie, dans son début, sont si peu apparents, qu'ordinairement on ne s'aperçoit de son existence que quand elle a déjà fait de grands progrès.

Elle attaque toutes les bêtes, sans distinction d'âge ni de sexe.

Elle règne en toute saison, mais le plus souvent à l'automne.

Son invasion est lente, son cours indéterminé; tantôt elle attaque un nombre plus ou moins grand de bêtes à la fois; tantôt elle les atteint l'une après l'autre, de manière qu'il se passe plusieurs mois, une année, jusqu'à ce qu'elle ait fait le tour d'une commune et enlevé la moitié ou la presque totalité des bêtes qui y existent.

Causes. — Parmi les causes de la maladie on a indiqué d'abord la température; mais cette cause ne paraît pouvoir être admise que pour les bêtes qui souffrent réellement des intempéries de l'air, et qui surtout sont exposées à la grande chaleur, à la poussière et au manque d'eau.

On a aussi avancé que les résidus des distilleries de grains et de pommes de terre étaient une cause déterminante de la *pulmonie*. On peut avoir fréquemment observé la *pulmonie* dans les étables des distillateurs, mais ce qui prouve que les résidus ne sont pas la cause déterminante de la maladie, c'est qu'elle n'a jamais régné dans d'autres étables (je peux citer les miennes), où les résidus font depuis longues années la base de la nourriture des vaches.

On attribue encore la *pulmonie* à un mauvais régime, à de mauvais aliments, à des fourrages poudreux, vasés, gâtés, enfin, et cette cause paraît être la plus influente, à l'insalubrité des étables, où la santé des bêtes ne peut manquer d'être altérée par l'humidité, la malpropreté, le défaut d'air, auquel se joint souvent une trop grande chaleur. Quant à la contagion, bien qu'elle soit contestée par quelques vétérinaires, on doit pourtant mettre tous ses soins à s'en garantir, si la maladie existe dans les environs.

Symptômes. — Les premiers symptômes auxquels on peut reconnaître l'existence de la *pulmonie* sont très-peu apparents. D'abord de légers frissonnements, un hérissement du poil, surtout le long du dos; le mouvement des flancs plus prononcé, de faibles gémissements, une toux sèche, profonde, puis rauque; diminution du lait chez les vaches. La toux devient ensuite plus fréquente, la respiration plus accélérée et accompagnée de battement des flancs; le pouls donne 60 à 70 pulsations par minute; les bêtes sont tristes, perdent l'appétit, restent debout plus que de coutume, écartent les jambes de devant pour soulager la poitrine, etc.

Ces symptômes se développent d'une manière plus ou moins rapide, dans l'espace de 8 jours à 3 semaines; ils s'aggravent encore ensuite, et quelquefois les bêtes ne succombent qu'après deux mois, depuis l'invasion de la maladie déclarée.

Traitement. — Le traitement de la *pulmonie* est très-difficile; il ne peut être entrepris que par un homme de l'art, et dès l'instant où la maladie devient apparente; encore a-t-on fait la remarque que les bêtes qu'on est parvenu à sauver ne recouvrent jamais une santé parfaite; elles conservent une toux incommode, elles sont disposées à l'avortement, elles donnent moins de lait, et quand on finit par les livrer à la boucherie on trouve toujours des lésions plus ou moins graves des poumons. Le plus sûr est donc de sacrifier les bêtes décidément attaquées, et de mettre tous ses soins à préserver les autres.

Si par une cause quelconque la *pulmonie* vient à se déclarer, on sépare sur-le-champ les bêtes saines en les faisant sortir de l'étable infestée; on éloigne d'elles toutes les causes qui peuvent déterminer la maladie, et l'on prend pour la nourriture et le régime toutes les précautions à l'aide desquelles on peut espérer de les maintenir en bonne santé. Ainsi on choisit les fourrages de la meilleure qualité, on donne des racines crues ou cuites; pour boisson, l'eau blanchie de farine d'orge; on assaisonne tous les jours les aliments de sel, et on donne de temps à autre une demi-once de sel de nitre, qu'on administre dans une décoction mucilagineuse. On pratique sur chaque bête une saignée, et l'on passe un séton au poitrail, ou bien, par des frictions irritantes, on établit sur les côtés de la poitrine des vésicatoires qu'on entretient en suppuration pendant quelques semaines.

Ces moyens ont été reconnus pour être les meilleurs préservatifs; bien dirigés, ils suffisent ordinairement pour arrêter la propagation du mal, ou du moins ils lui impriment un caractère moins meurtrier qui permet d'employer avec succès un traitement curatif plus étendu.

CHAPITRE III. — OPÉRATIONS, OBSERVATIONS, ERREURS ET PRÉJUGÉS RELATIFS AUX MALADIES DES BÊTES A CORNES EN GÉNÉRAL. ACCIDENTS ET VICES.

Après avoir fait connaître les maladies qui affectent le plus fréquemment les bêtes à cornes, il me reste encore à donner quelques indications qui pourront être utiles, tant pour le traitement des maladies elles-mêmes, que pour divers accidents qui peuvent journellement se présenter.

§ Ier. — *Opérations et observations relatives à la plupart des maladies.*

De la saignée. — La saignée étant une opération dont l'emploi est assez fréquent, et à laquelle il est quelquefois urgent de recourir tout de suite, tout cultivateur doit être en état de la pratiquer lui-même.

La saignée se pratique, pour les bêtes à cornes de même que pour les chevaux, le plus ordinairement à la jugulaire et au moyen d'une flamme. Mais la peau du bœuf étant plus épaisse, la ligature, dont on peut se passer pour les chevaux, est ici nécessaire, et la flamme doit être de plus grande dimension. La lame doit avoir cinq à six lignes de longueur sur pareille largeur à sa base;

quelquefois même une longueur de sept à huit lignes, sur pareille largeur, est nécessaire.

On pratique la saignée de la manière suivante : Un aide se place devant la bête, lui tenant la tête un peu haute, légèrement inclinée vers le côté droit, et lui couvrant d'une main l'œil gauche. L'opérateur, placé sur le côté gauche de la bête, lui passe autour du cou, tout près des épaules, une corde de la grosseur du petit doigt, et la serre suffisamment pour que la veine devienne bien apparente. Si le poil est long, on le mouille un peu sur l'endroit où on veut faire l'ouverture, afin de mieux distinguer la veine. Tenant alors la flamme de la main gauche, et dans une direction parallèle à la longueur de la veine, on l'applique sur le milieu de la veine, de manière que la pointe de la flamme soit à peu près à une demi-ligne de la peau; puis on frappe sur le dos de la flamme un coup sec, avec un bâton rond, long d'environ un pied, et d'un diamètre de douze à dix-huit lignes. Le coup doit être assez fort pour que la peau et la veine soient percées en même temps. Le sang jaillit; on le recueille dans un vase, afin de pouvoir apprécier la quantité tirée, et quand on juge que cette quantité est suffisante, on détache la corde. Ordinairement il n'est pas nécessaire de pratiquer une ligature. Si pourtant, la bête étant très-agitée, le sang continue à couler, on l'arrête en perçant transversalement les lèvres de la plaie avec une épingle, autour de laquelle on passe deux ou trois fois quelques crins arrachés à la queue de la bête et qu'on fixe par un nœud simple.

On rencontre des bœufs dont le cuir est si épais qu'on a de la peine à les saigner.

L'opération de la saignée, pour les bœufs comme pour les chevaux, se fait plus commodément au moyen d'une flamme à ressort; il faut seulement avoir attention que la lame en soit d'une grandeur suffisante.

De petites saignées, par lesquelles on ne tire que quelques onces de sang, sont sans effet. Quand la saignée est indiquée, elle doit être copieuse, et l'ouverture de la veine doit être assez grande pour que le sang en sorte d'un jet vigoureux.

A une vache adulte, de moyenne taille, on tire trois, quatre, jusqu'à six livres de sang, suivant l'état d'embonpoint de la bête, la nature et la période de la maladie qui nécessite la saignée. A un bœuf, on peut tirer six, huit, dix et jusqu'à douze livres de sang à la fois.

Un litre de sang pèse à peu près deux livres ou un kilogramme.

Le sang ayant été recueilli dans un vase, on sera sûr que la saignée était convenable, et qu'il était réellement utile qu'elle eût lieu, si le sang tiré de la veine se coagule promptement en une masse uniforme, dense, de laquelle il ne se sépare point de sérum (partie aqueuse), et que sur la surface il se présente une écume abondante d'une couleur très-rouge.

Tant qu'on ne sent pas le battement du cœur, que les pulsations des artères sont dures, accélérées, pas bien distinctes, et que la respiration est courte, il y a indication d'une nouvelle saignée.

Quand sur la surface du sang il se forme une membrane épaisse, jaunâtre, lardacée, et qu'on ne remarque point d'écume rouge sur sa surface, c'est signe que la saignée n'était pas indiquée, et qu'elle a été nuisible.

Quand, dans une maladie inflammatoire, le sang tiré est tout noir, épais, et qu'il rougit à la surface, étant exposé à l'air, il y a encore espoir d'apaiser l'inflammation et de sauver la bête malade; mais dès qu'il se montre sur le sang une membrane d'un blanc bleuâtre, toute espérance de guérison est perdue.

On reconnaît que la saignée a été assez abondante, lorsque les battements du cœur sont devenus plus distincts, que l'artère est moins dure et moins tendue, et que l'animal qui avait auparavant la tête baissée commence à la tenir plus haute, indiquant par son attitude le soulagement qu'il éprouve.

Du pouls. — On peut tâter le pouls à l'artère glosso-faciale (artère maxillaire) en portant le doigt sur le contour qu'elle fait au bord inférieur de l'os maxillaire, pour se ramifier sur le chanfrein ; ou bien aux artères coccygiennes dont le battement se fait sentir à la face inférieure de la queue, ou bien encore à l'artère auriculaire antérieure (veine temporale) qui rampe de bas en haut, en avant de la base de l'oreille.

Des observations faites sur différentes bêtes à cornes en parfaite santé ont donné pour résultats les nombres de pulsations suivants à l'artère maxillaire :

Chez une génisse de 18 mois, 54 à 55 pulsations par minute :

    Un taureau de 15 mois, 43 à 45 ;
    Un bœuf   de 4 ans, 42 à 44 ;
    Une vache de 4 ans, 40 à 42 ;
    Une vache de 9 ans, 35 à 36.

Le pouls subit des variations infinies, tant en santé qu'en maladie. En général, il est d'autant plus fréquent que l'animal est plus jeune, plus petit, plus irritable, qu'il est placé dans une température plus élevée, qu'il a fait plus d'exercice. Le pouls des vaches est aussi plus accéléré pendant le cours de la gestation.

De la fièvre. — L'état du pouls sert à reconnaître la fièvre, qui se manifeste en outre par une chaleur plus ou moins intense, précédée le plus souvent de frissons et accompagnée de désordres dans l'économie animale.

Les fièvres sont continues ou intermittentes, bénignes ou malignes.

La *fièvre* qu'il nous importe le plus de connaître et d'observer, est la fièvre symptomatique, fièvre de réaction, qui accompagne beaucoup de maladies dont elle suit la marche.

Elle est un symptôme constant des maladies inflammatoires aiguës.

Dans beaucoup de cas, la fièvre suit régulièrement le cours des maladies qu'elle accompagne, et, par cette raison, elle est un des symptômes que le médecin vétérinaire ne doit jamais négliger d'observer.

§ II. — *Accidents et vices.*

Extraire le délivre. — Lorsqu'une vache a mis bas, l'arrière-faix ou délivre sort d'ordinaire immédiatement ou peu d'heures après le part. Quelquefois aussi cette évacuation n'a pas lieu immédiatement, et ce retard donne lieu à des pratiques dont les unes sont inutiles, les autres nuisibles. Si l'on a à sa disposition un vétérinaire ou une personne possédant l'habileté nécessaire, l'extraction de l'arrière-faix peut être opérée facilement; mais à défaut d'une main exercée, il vaut mieux laisser agir la nature et attendre. Si le part a été laborieux, s'il existe une irritation, et qu'on craigne une inflammation de matrice, on doit faire usage de fréquentes injections adoucissantes, comme lait tiède, décoction de graine de lin, en joignant à ces moyens un régime rafraîchissant.

Ordinairement le neuvième jour ne se passe pas sans que l'expulsion du délivre ait lieu. Souvent il sort successivement, par lambeaux, ce qui n'entraîne pas de danger pour la bête.

On doit toujours s'abstenir de tirer par la portion du délivre qui paraît à l'extérieur; on pourrait par là déterminer une chute de matrice.

Queue cassée. — *Poids et âge de réforme des taureaux.* — Un accident qui n'est pas très-rare est ce qu'on appelle la queue cassée ou enfoncée. C'est une dislocation des vertèbres de la queue à sa sortie de la croupe; elle est occasionnée par le poids du taureau lors de la saillie. Cet accident est d'autant plus désagréable qu'il défigure le plus souvent les vaches qui ont la queue la mieux attachée.

A ce mal il n'y a pas de remède; il faut seulement chercher à le prévenir.

On ne doit pas attendre, pour faire servir un taureau, qu'il ait quatre à cinq ans, mais au contraire à cet âge il doit être déjà réformé. Des taureaux mal nourris et épuisés par le service d'un trop grand nombre de vaches n'atteignent pas le développement et le poids que la nature leur avait destinés; mais dans le cas contraire, c'est-à-dire s'il est ménagé et bien nourri, un taureau de cinq ans est, en règle générale, hors de service et n'est plus bon que pour la boucherie. Une observation que j'ai eu plusieurs fois occasion de faire chez moi, c'est que les vaches craignent un taureau très-lourd, et que, quoique en chaleur, elles refusent de le recevoir. Cette résistance est une cause fréquente d'accidents, chutes des vaches, luxations, queues disloquées, etc.

Le taureau dont j'ai donné le dessin dans *l'Agronome* était un animal précieux par ses formes et par son origine. Il n'avait que quatre ans, lorsque j'ai été forcé de le réformer, aucune vache ne voulant plus souffrir son approche. Il pesait vivant près de dix-huit cents livres, poids remarquable à raison de sa taille très-peu élevée.

Ce qui ne m'a laissé aucun doute sur ce sentiment de frayeur qu'inspire un taureau lourd aux vaches, même habituées à vivre avec lui, c'est que j'ai vu plusieurs fois la même vache évidemment en chaleur, mais que plusieurs hommes n'avaient pu contraindre à rester tranquille pour recevoir le taureau, attendre, cinq minutes plus tard, dans une complète immobilité, l'approche d'un jeune taureau qu'on lui présentait après avoir emmené le vieux.

Si le taureau est trop petit, on place la vache dans un endroit plus bas, on creuse même, s'il est nécessaire, une petite fosse suffisamment profonde, dans laquelle on la place.

C'est dans ces occasions surtout qu'on reconnaît de quel avantage est l'anneau passé au nez d'un taureau jeune et plein de force ; sans cet anneau, il serait impossible de le maintenir.

Quelques personnes, habituées à ne voir que de chétives et misérables bêtes à cornes, pourraient supposer qu'il y a du luxe ou de la prodigalité dans cette manière de nourrir les taureaux ; mais il sera facile de leur démontrer qu'il n'y a là qu'un calcul bien entendu.

J'élève tous les veaux mâles qui naissent chez moi, et lorsqu'ils ont un an à dix-huit mois, je les vends comme taureaux, et ils me sont bien payés, ce qui certainement n'aurait pas lieu s'ils n'avaient la taille nécessaire, et s'ils n'étaient suffisamment développés pour faire leur service. Quant à ceux que je conserve, le poids qu'ils atteignent à l'âge de trois à quatre ans est tel que leur valeur pour la boucherie paie passablement la nourriture qu'ils ont consommee jusque-là, et que je peux considérer que la saillie de mes vaches ne me coûte rien. Si au contraire le taureau que je suis obligé d'entretenir etait maigre, alors je ne pourrais le vendre qu'à un prix vil, ou bien je serais obligé de l'engraisser, et son entretien retomberait nécessairement au compte des vaches. Il y a donc un profit bien évident à ne pas laisser vieillir les taureaux, et à les nourrir de manière qu'ils se développent rapidement et soient toujours en bon état.

Langue serpentine. — Aliments trop substantiels. — Les vaches sont sujettes à une sorte de tic, analogue à celui qu'on nomme chez les chevaux *langue serpentine.* Elles ouvrent la bouche, allongent la langue de toute sa longueur hors de la bouche, sur l'un des côtés, et là elles la tournent et retournent dans tous les sens, comme si elles faisaient de grands efforts pour atteindre un objet qui serait au-dessous de leur œil. Ce tic se communique par imitation, et si une vache en est atteinte, il gagne bientôt toutes celles qui sont dans la même étable.

Il y a quelques années, étant à court de fourrage, je donnai à mes bêtes une partie de leur ration en grain et tourteaux de colza, avec une très-petite quantité de foin. Une vache commença à tiquer, et bientôt toutes les autres l'imitèrent. Ce tic fatigue les vaches, les empêche de ruminer, et occasionne une déperdition de salive qui les fait maigrir.

Il n'a d'autre cause que ce qu'on peut appeler l'oisiveté. Lorsqu'une ration, riche en principes nutritifs sous un petit volume, est promptement consommée, l'ennui gagne les bêtes, et elles tiquent pour passer le temps. Après un hiver pénible, le printemps ayant ramené l'abondance, mes vaches cessèrent de tiquer, et n'ont plus tiqué depuis.

Je connais un régiment de cavalerie où l'on avait adopté l'usage de hacher une grande partie de la ration de paille pour la faire manger aux chevaux mêlée à l'avoine. Cette paille hachée nourrissait certainement mieux les chevaux; mais les repas étaient trop promptement terminés, et le nombre des tiqueurs augmentait tellement, qu'on fut obligé de renoncer à la paille hachée, et de donner aux chevaux la paille entière pour leur faire passer le temps.

J'ai dit, en parlant de la nourriture des vaches, qu'il doit exister une certaine proportion entre la nourriture solide et liquide, et qu'il ne suffit pas que la ration contienne une certaine quantité de principes nutritifs, il faut encore un volume tel que l'estomac soit suffisamment lesté. La paille remplit très-bien cet objet et avec une notable économie, surtout pour les jeunes bêtes, et je me trouve très-bien de fourrager les pailles d'orge et d'avoine.

Sans doute on ne doit pas perdre de vue qu'il faut de la paille pour faire la litière et produire du fumier; mais, d'un autre côté, la paille que les bêtes mangent n'est certainement pas perdue pour le fumier. Hors le cas où il y a de l'avantage à acheter des engrais avec l'argent provenant de la vente de la paille, c'est un crime à un cultivateur de vendre de la paille; mais si je trouve moyen d'employer la paille comme aliment du bétail, de manière qu'elle remplace le foin, alors je suis dans la position d'un cultivateur riche en fourrage, et qui, n'ayant pas de la paille dans une proportion suffisante, est obligé ou d'en acheter, ou d'y suppléer par d'autres moyens. Dans certains pays, on fait usage d'engrais liquide; dans d'autres, on a la ressource des feuilles sèches, bruyères, genêts, etc...

Vaches qui se tètent. — On rencontre quelquefois des vaches qui se tètent elles-mêmes. Je suis disposé à croire que ce défaut a la même cause que le tic; mais il ne passe pas aussi facilement. Pour empêcher une vache de se téter, il faut faire en sorte que, sans lui imposer une gêne qui pourrait lui être nuisible, on la mette dans l'impossibilité d'atteindre à son pis avec sa bouche. On a pour cela proposé plusieurs appareils; le plus simple consiste en un surfaix auquel on fixe deux anneaux qui se trouvent placés de chaque côté sur les côtes de la vache; de ces deux anneaux partent deux cordes qui vont s'attacher aux cornes de la bête. On conçoit que la vache peut se lever, se courber, baisser ou lever la tête, mais qu'elle ne peut la tourner ni à droite ni à gauche. Un soin qu'on ne doit pas négliger, c'est de garnir le surfaix, de manière qu'il ne puisse blesser le garrot.

Je crois qu'avec une bonne nourriture, suffisamment abondante et régulièrement distribuée, l'emploi de cet appareil ne sera pas longtemps nécessaire pour faire perdre à une jeune vache l'habitude de se téter.

Vaches qui donnent des coups de pied. — Quelques vaches donnent des coups de pied quand on les trait. Quelques-unes ont contracté de la méchanceté par suite de mauvais traitements, la plupart ne sont que chatouilleuses, ou bien elles éprouvent de la douleur au pis, par suite de crevasses. Quelle que soit la cause, l'effet n'en est pas moins désagréable, parce que souvent le seau à traire est renversé.

Un moyen très-facile d'empêcher une vache de frapper avec un pied de derrière, consiste à lui lever un pied de devant. Mais au lieu de faire tenir ce pied levé par un homme, comme cela a lieu pour les chevaux, on le fixe avec une corde.

Le marcaire a une corde longue d'environ 2 pieds; il en noue ensemble les deux bouts, il lève le pied de la vache, en lui faisant plier le genou assez pour que les sabots touchent au coude. Il place alors la corde de manière qu'elle fasse le tour de la jambe ainsi repliée sur elle-même, en passant d'un côté sur le paturon, et de l'autre sur l'avant-bras, tout près du poitrail. L'articulation du boulet maintient la corde dans cette position en l'empêchant de glisser, et la vache a ainsi un pied en l'air, sans qu'on soit obligé de le tenir. Après quelques efforts pour se dégager, elle reste ordinairement tranquille. Le marcaire lève le pied du côté où il se place pour traire, et lorsqu'il a fini, il ôte la corde, sans la dénouer, aussi facilement qu'il l'avait placée.

§ III. — Erreurs et préjugés.

Les animaux que l'homme a soumis à son empire et condamnés à l'esclavage et à de durs travaux n'ont pas seulement à partager la misère de leur maître, et à endurer de lui toutes sortes de mauvais traitements, mais ils souffrent encore trop souvent de son ignorance, alors même qu'il cherche à soulager ou à guérir des maux que lui-même a causés.

En ceci, comme en toute autre chose, l'instruction qui adoucit les mœurs en même temps qu'elle apprend à discerner le vrai du faux, est toujours la première base de tout progrès, de toute amélioration.

Les erreurs, les préjugés, les superstitions des habitants de la campagne à l'égard du bétail, sont en grand nombre, et occasionnent certainement plus de pertes qu'il n'en résulterait des maladies convenablement soignées.

Je vais indiquer les erreurs répandues dans le pays que j'habite.

Dents qui branlent. — Les dents incisives des bêtes à cornes n'ont pas de pivots, elles sont creuses à leur base, par conséquent peu solides, et en les saisissant entre les doigts, on peut toujours les faire remuer. Cependant on voit des gens prétendre qu'une vache mal nourrie et mal soignée est souffrante, parce que ses dents branlent, et prétendre la guérir en lui renfonçant les dents.

De même on attribue souvent au renouvellement des incisives l'état de souffrance d'une jeune bête qui ne mange pas bien. La dentition peut déterminer cet état, mais ce sera l'éruption des machelières plutôt que des incisives, dont le rôle est de peu d'importance. Ainsi une vache, qui par accident aura perdu une ou deux incisives, peut être encore une très-bonne vache; cela ne l'empêchera pas de mâcher, de ruminer et de se bien nourrir.

Chez les vaches nourries de résidus de distillerie, les dents s'usent promptement, surtout si ces résidus ont passé par des chaudières de fer. J'ai vu des vaches encore jeunes, avoir les incisives usées au niveau des gencives.

Les bêtes à cornes, comme les chevaux, peuvent aussi être sujettes à des douleurs de dents. Il n'est pas rare que de vieux chevaux aient les dents cariées. Malheureusement les pauvres bêtes peuvent seulement témoigner qu'elles souffrent, mais non indiquer le siége de leur mal; aussi prend-on ordinairement ces douleurs de dents des vieux chevaux pour des coliques.

Frotter l'intérieur de la bouche pour stimuler l'appétit. — Des bêtes mal soignées, mal nourries et surtout irrégulièrement nourries, sont souvent dans un état de souffrance; l'estomac dérangé fait mal ses fonctions; la bête ne mange pas, et pour la faire manger on lui frotte la bouche avec un oignon, du sel, du poivre et du vinaigre. Souvent on réussit, c'est-à-dire que la langue et le palais étant ainsi irrités, la bête mange, mais l'estomac ne digère pas mieux pour cela. Le mal n'est pas dans la bouche, il est dans l'estomac; la sage nature fait sentir à l'animal souffrant la nécessité du jeûne, et l'homme ignorant, en stimulant un appétit factice, vient aggraver le mal.

Couper les barbillons. — Souvent on ne se contente pas de frotter ainsi la langue et le palais, on coupe avec des ciseaux les *barbillons*. On donne ce nom à de petits bulbes charnus, dont le nom *barbillons* indique la forme. Ils sont placés à l'orifice du canal sécréteur des glandes maxillaires, près du frein de la langue, et sont destinés à opérer la sécrétion et l'abord de la salive dans la bouche. Les couper est une opération barbare, d'où résultent quelquefois des plaies et des ulcères dangereux.

Répandre du sel et du son sur un veau. — Pourquoi couvre-t-on de son et de sel un veau qui vient de naître ? Si la vache n'était pas disposée à le lécher, on pourrait l'y déterminer par l'attrait du sel ; mais loin de là, on doit seulement veiller à ce que la vache ne lèche pas trop, et n'arrache pas le cordon ombilical. Pour la vache elle-même, le sel et le son lui sont dans ce moment au moins inutiles.

Rôties au vin. — Il y a des cantons où le vin et le cidre sont à bon marché, et où l'on ne manque pas de donner ce qu'on nomme une rôtie à une vache qui vient de mettre bas. C'est une bouteille de vin ou de cidre avec une tranche de pain grillé. Il faut, à une vache dans cette circonstance, de l'eau blanche, des boissons rafraîchissantes, et rien n'est moins convenable que tout ce qui peut exciter, augmenter l'ardeur, comme une rôtie au vin, à moins peut-être que la vache, épuisée par le jeûne, ne se trouve dans un état de faiblesse tel, qu'il soit nécessaire de lui rendre des forces, et de donner du ton à ses organes.

Breuvages rafraîchissants. — D'autres croient qu'un breuvage rafraîchissant est indispensable, quelque temps après qu'une vache a mis bas, et Dieu sait tout ce qu'on fait entrer dans ces breuvages ! Je ne saurais trop répéter que c'est par une bonne nourriture, un bon régime, qu'on doit assurer la santé des bêtes, et si quelquefois une bête est indisposée, échauffée, on peut la soulager par des moyens plus simples que par ces breuvages auxquels les gens ignorants semblent accorder d'autant plus de mérite qu'ils y font entrer un plus grand nombre d'ingrédients.

Jeter le premier lait. — J'ai déjà parlé de l'erreur qui fait jeter le premier lait d'une vache, tandis que le premier lait est l'aliment le plus convenable, l'aliment nécessaire au nouveau-né pour purger et évacuer les matières noires, le *méconium,* contenu dans les intestins.

Trèfle et herbe mouillés. — J'ai aussi dit quelle opinion fausse existe généralement à l'égard du trèfle et de l'herbe mouillés. Fourragées à l'étable, les plantes fraîches, humides de rosée ou de pluie, ne sont aucunement dangereuses parce qu'elles sont mouillées, mais elles deviennent dangereuses si elles sont échauffées en tas, ou chaudes et flétries par un soleil brûlant. On ne devrait jamais faucher que le matin et le soir, et jamais à l'avance. On ne doit pas rentrer le samedi le fourrage vert nécessaire jusqu'au lundi, pas plus qu'on ne prépare le samedi les repas des hommes pour le dimanche.

Si, dans une grande exploitation, on est obligé de rentrer à la fois une quantité considérable de trèfle, il faut l'étendre pour qu'il ne s'échauffe pas en tas, mais ne pas craindre qu'il soit nuisible par la raison qu'il sera mouillé.

Il faut cependant remarquer que le fourrage mouillé est moins agréable aux bêtes, et qu'il se trouve toujours mêlé d'une plus ou moins grande quantité de terre, qu'on ramasse en fauchant et en ratelant lorsque le sol est détrempé par la pluie.

Trèfle plâtré. — On a attribué au plâtre répandu sur le trèfle de fâcheuses influences sur la santé des bêtes à cornes et des chevaux. Mes trèfles sont tous les ans plâtrés, et je n'ai pas remarqué qu'il en résultât aucun fâcheux effet pour les animaux ; mais par l'effet du plâtre le trèfle acquiert une végétation plus vigoureuse, il est plus succulent, il contient plus de principes nutritifs, et fourragé sans précaution, il doit être plus dangereux : il l'est d'autant plus que les bêtes ont été plus mal nourries pendant l'hiver, et qu'on les fait passer plus rapidement de la disette à l'abondance.

Plume avalée. — On attribue souvent à une plume avalée un dévoiement ou une indigestion ; mais quel effet peuvent faire, une, même plusieurs plumes, mâchées, humectées de salive, et mêlées à une masse d'aliments telle que celle contenue dans la panse d'un bœuf ? Si d'ailleurs les plumes étaient aussi dangereuses, n'occasionneraient-elles pas tous les jours des accidents, dans presque toutes les fermes, où les poules pénètrent partout, pondent dans les râteliers, les greniers à foin, et laissent partout des plumes?

Piqûres des musaraignes. — S'il survient à une bête une enflure, une tumeur, dont la cause n'a pas été déterminée, le paysan ignorant l'attribue ordinairement à une piqûre de musaraigne. Mais ce n'est pas là qu'il faut chercher la cause du mal ; la musaraigne n'a point de dard pour piquer, et sa bouche est beaucoup trop petite pour qu'elle puisse mordre la peau d'une vache ou d'un bœuf. Une enflure au ventre, si elle n'est pas la suite d'une maladie, peut être le résultat de la piqûre d'un insecte ; l'enflure qui paraît subitement au pis d'une vache est presque toujours la suite d'un coup d'air.

Breuvages donnés par le nez. — Un procédé barbare, plus dangereux que tous ceux dont je viens de parler, est celui qui consiste à introduire par un des naseaux un breuvage que l'ignorance destine à agir sur les organes de la respiration. Si le but était atteint, si le breuvage pénétrait dans la trachée-artère, la suffocation de la bête en serait la suite nécessaire et immédiate. Ordinairement quelques gouttes seulement y entrent, elles occasionnent une toux plus ou moins forte, et le reste descend dans le gosier, et de là dans l'estomac.

Le loup. — Dans les cantons où les vaches sont généralement mal soignées, elles sont sujettes à toutes sortes de maladies, et il se trouve aussi des docteurs qui ont des remèdes à tous les maux.

Au nombre de ces maladies est celle qu'on appelle le *loup*. Une vache mal soignée, mal nourrie, est triste, elle ne mange pas, elle a le poil hérissé, la peau adhérente. On lui visite la queue, on trouve, ce qui existe toujours, que son extrémité est plus molle, plus flexible ; on décide qu'elle a le *loup*, on fait à l'extrémité deux incisions en croix, on en tire quelques gouttes de sang, et la bête doit être guérie.

Il arrive aussi quelquefois que la bête est réellement malade, et que l'ignorant opérateur du *loup* inspire au propriétaire une fâcheuse sécurité, qui l'empêche de rechercher et de soigner le mal véritable.

Enfin, il peut exister réellement à l'extrémité de la queue une ulcération produite et entretenue par la malpropreté, la mauvaise nourriture, et une disposition maladive interne. Cette altération accompagne quelquefois la fièvre charbonneuse, et l'on conçoit que ce n'est pas par une incision qu'on la guérira.

On fait encore quelquefois des incisions aux oreilles, et l'on obtient quelques gouttes de sang, alors qu'il faudrait peut-être en tirer 4 à 5 livres. Si la saignée était nécessaire, on a complétement manqué le but ; si elle n'était pas nécessaire, l'incision l'était encore moins.

Moyens sympathiques. — Je ne parlerai pas des sortiléges, des moyens sympathiques, employés dans l'intention de prévenir ou de guérir les maladies. Les gens raisonnables n'usent pas de pareils moyens, et ce que je pourrais dire ne désabuserait probablement pas ceux qui y ont foi.

Tels sont les préjugés et erreurs que je connais. Il en existe sans doute beaucoup d'autres que je ne connais pas ; chaque canton, chaque village a les siens. Ils sont au reste faciles à reconnaître ; on distinguera sans peine les idées qui blessent la saine raison, que l'ignorance et la superstition admettent et propagent, de toutes les pratiques qui reposent sur des causes physiques dont quelques-unes peuvent être locales.